CONSTRUCTION OF
THE ALL-RESOURCE EDUCATIO
BY MULTIMODAL AI

TAKING THE DIGITAL MEDIA PROFESSIONAL
CLUSTER AS AN EXAMPLE

多模态AI驱动的
全资源育人
模式构建

以数字媒体专业群
为例

周剑平　著

化学工业出版社
·北京·

内容简介　　本书立足于教育智能化转型的前沿视角，系统构建了"多模态AI+全资源育人"的新型教育范式，以数字媒体专业群为典型研究对象，通过多学科交叉的研究方法，完整提出了多模态AI驱动全资源育人的理论框架与技术实现方案。

本书不仅为数字媒体专业的人才培养提供了可复制、可推广的智能化转型方案，而且提出了"技术赋能＋教育创新"双轮驱动模式，为高等职业教育的内涵式发展提供了新思路，对推动教育数字化转型、实现高质量人才培养具有重要的理论价值与实践意义，并为教育管理者、专业教师和AI技术开发者提供有价值的参考。

图书在版编目（CIP）数据

多模态AI驱动的全资源育人模式构建 ： 以数字媒体专业群为例 / 周剑平著 . -- 北京 ： 化学工业出版社，2025. 6. -- ISBN 978-7-122-48340-9

Ⅰ. TP37

中国国家版本馆CIP数据核字第2025BW2936号

责任编辑：任欣宇　李彦玲　　　　　文字编辑：李一凡　王　硕
责任校对：李露洁　　　　　　　　　装帧设计：王晓宇

出版发行：化学工业出版社
　　　　　（北京市东城区青年湖南街13号　邮政编码100011）
印　　装：北京盛通数码印刷有限公司
787mm×1092mm　1/16　印张13¾　字数233千字
2025年6月北京第1版第1次印刷

购书咨询：010-64518888　　　　　售后服务：010-64518899
网　　址：http://www.cip.com.cn
凡购买本书，如有缺损质量问题，本社销售中心负责调换。

定　　价：68.00元　　　　　　　　　版权所有　违者必究

随着人工智能技术的快速发展，其在教育领域的应用已经成为推动教育创新和变革的重要动力。AI技术"在文字与图像领域对传统内容的创作与思考产生了深远的影响，其一定程度上改变了人们创建、运用以及与内容交互的方式"❶。特别是在多模态数据处理能力不断提升的情况下，AI技术在教育领域的应用已经从单一的技术支持转变为能够促进教育模式创新的驱动力量。本书探讨多模态AI技术驱动下的全资源育人模式创新，以适应未来教育发展的需求。

在教育领域，传统的教育模式已经难以满足新时代人才培养的需求。一方面，知识获取的渠道日益多样化。"对知识的获取不再局限于传统的认知渠道，而是扩展到文字、图片、视频、数字建模、虚拟人、场景合成等诸多数字领域❷。"另一方面，知识应用的场景也越来越复杂，学生不仅需要掌握知识，还需要具备解决复杂问题的能力，这需要全资源教育模式的进一步创新。

---

❶ 陈程显.AIGC技术时代下高校数字媒体艺术教学转型与变革[J].教育教学论坛，2024（52）：73-77.

❷ 李白杨，白云，詹希旎，等.人工智能生成内容（AIGC）的技术特征与形态演进[J].图书情报知识，2023（1）：66-74.

在这样的背景下，多模态 AI 技术的引入为教育模式的创新提供了可能。多模态 AI 技术能够整合图像、文本、语音、虚拟现实等多种数据类型，通过深度学习等技术进行分析和处理，提供更加丰富的教育资源和更加个性化的学习体验。本书以数字媒体专业群为典型研究对象，通过多学科交叉的研究方法，首次完整提出了多模态 AI 驱动全资源育人的理论框架与技术实现方案。研究内容涵盖三个关键维度：首先，从技术基础层面深入剖析了多模态 AI 的核心技术体系及其教育应用机理；其次，在理论创新层面构建了全资源育人模式与数字媒体专业特征的融合模型；最后，在实践应用层面开发了包括课程重构、教学策略、资源优化、评价体系在内的系统解决方案。

本书的主要创新点体现在：创建了基于多模态感知的智能教育分析模型，实现了学习行为的多维度动态监测；提出了多模态 AI 驱动的全资源育人框架，突破了传统教育模式的时空局限；建构了 AI 驱动的模块化资源库体系，构建了"需求—供给—反馈"的动态优化机制。通过系列实证研究表明，该模式可使教学效率提升40% 以上，学生综合能力培养效果显著改善。通过这样的模式，可以更好地适应未来社会对人才的需求，促进教育的公平性和个性化发展，推动教育领域的持续创新。

由于时间及著者水平所限，书中难免存在不足之处，敬请广大读者批评指正。

注：本书为浙江省高职教育"十四五"第二批教学改革项目（jg20240142）《多模态 AI 驱动下的跨学科协同教学研究——以高职院校数字媒体专业群为例》的研究成果。

周剑平

2025 年 5 月

Contents 目录

Chapter
5

第五章　　　　多模态 AI 驱动下的全资源育人模式课程体系重构　097

Chapter
8

第八章　　　　　　　　　　　教学评价与质量保障体系建设 　159

多模态 AI 技术与
教育智能化转型

Multimodal AI

第一节 多模态 AI 的概念特征与技术架构

人工智能（AI）技术的发展日新月异，单一的数据模式已无法满足当下日益复杂和多元化的实际需求。多模态 AI 作为一种能够融合多种信息形式并进行综合分析的技术，正逐渐成为推动各行各业，特别是教育领域智能化转型的核心动力。本节将从多模态 AI 的定义、核心特征及其技术架构三个方面进行详细阐述，以期为理解多模态 AI 在教育智能化转型中的应用奠定基础。

一、多模态 AI 的定义

1. 多模态 AI 的概念界定

模态（Modality）是指"物质媒体经过社会长时间塑造而形成的意义潜势，是用于表征和交流意义的社会文化资源"❶。而多模态人工智能（Multimodal Artificial Intelligence）是指能够同时处理和理解多种数据模态，如声音、图像、文字等的系统。也有学者认为"模态"是"人类通过感觉器官建立的与外部环境之间的交互方式"❷，对文本、图像、语音、视频等数据，进行综合处理和分析，进而实现更智能、更灵活的交互与决策。它的核心在于能够跨越多个数据模态之间的鸿沟，将不同类型的数据有效融合，从而为 AI 系统提供更为全面和精准的理解能力。与传统的单模态 AI 不同，多模态 AI 通过融合多种模态的数据，能够更全面地感知和理解复杂的信息环境。从传统的单模态 AI 发展到如今的多模态 AI，代表了一种智能技术的演进。单模态 AI 通常局限于处理某一类型的数据，尽管这些技术在各自领域内已取得重要进展，但它们难以应对涉及多维信息整合的复杂任务。尤其在教育领域中，学生的学习过程不仅是文字输入，语音互动、图像识别、视频观察等也都有。因此，

---

❶ Kress G，Leeuwen T V V. Multimodal discourse：the modes and media of contemporary communication[M]. London：Edward Arnold，2001.

❷ Lahat D，Adali T，et al. Multimodal data fusion：an overview of methods，challenges，and prospects[J]. Proceedings of the IEEE，2015，103（9）：1449-1477.

单一模态的 AI 技术已无法获取学生在学习过程中的多维信息，需要更全面的多模态 AI 技术来赋能。

2. 多模态 AI 的核心

多模态 AI 的核心在于其强大的数据融合能力，可以在不同信息间融合，实现智能决策和交互。

首先，数据模态的融合使得 AI 系统能够获取更为全面的信息，减少对单一信息的依赖，提升系统的理解和推理能力。

其次，多模态 AI 的决策能力在于它能跨越不同模态的数据，将其融合并进行综合分析。通过跨模态的学习与推理，多模态 AI 能够从多个角度进行问题分析，提高决策的精准性和灵活性。

二、多模态 AI 的特征

1. 数据的多样性

多模态 AI 能够处理来自不同数据源的多样化信息，这些数据类型包括但不限于文本、图像、视频、音频、生理信号等。这使得它能够提供比单一模态 AI 更为精准和全面的分析。教育环境中的数据通常具有高度的多样性，学生的学习数据不仅仅通过文字表达，还包括语言、面部表情、手势、音频等信息。因此，数据的多样性成为多模态 AI 在教育智能化应用中的基础。

多模态 AI 系统通过有效地融合和处理这些异构数据，能够在一个统一的框架下进行综合分析。通过结合视频数据与语音数据，AI 可以分析学生在学习过程中的情感变化与认知状态，进而提供个性化的学习支持。图像和视频数据的分析能力，使得 AI 能够识别学生在实际学习场景中的行为表现（如眼神集中度、肢体语言等）。这些方法可以"进一步推进数字教育，为个性化学习、终身学习、扩大优质教育资源覆盖面和教育现代化提供有效支撑"[1]。

---

[1] 人民网. 习近平在中共中央政治局第五次集体学习时强调加快建设教育强国为中华民族伟大复兴提供有力支撑 [EB/OL]. (2023-05-30) [2023-07-04]. http://edu.people.com.cn/n1/2023/0530/c1053-40002229.html.

2. 交互自然性

多模态 AI 的一大优势在于它能够模拟和实现更为自然的人机交互方式。传统的单模态 AI 系统往往通过特定的输入方式（如文本或语音）与用户交互，但这些方式往往过于简单，无法充分考虑人的多维感知和交流方式。而多模态 AI 能够通过文本、语音、图像、视频等多种信息通道进行交互，使得 AI 系统的反馈更加多样、丰富，更接近人类的自然交互。

在教育应用中，学生的学习过程往往包含着丰富的情感、语言与非语言信息。学生在回答问题时可能会伴随表情变化或肢体动作，而这些非语言信息往往能够反映学生的情感态度和学习状态。多模态 AI 系统能够通过整合这些不同的交互信息，实现更加人性化、自然的学习体验，从而提高学生的参与度与学习效果。

3. 决策精准性

通过对多个数据模态的融合与分析，多模态 AI 能够提供更加精准的决策支持。这种决策不仅仅依赖于某一模态的单一数据源，而是综合了多个维度的信息，从而避免了单一数据源可能带来的偏差或不足。多模态 AI 不仅可以通过学生的考试成绩进行评估，还可以结合学生的课堂表现、互动参与、情绪变化等多种维度的信息，综合判断学生的真实学习情况，提供更为准确的评估结果。

在多模态 AI 的帮助下，教育管理者和教师可以基于更全面的数据进行教学决策，如实时调整教学进度、优化课程设计，甚至为学生提供个性化的学习建议。这种基于多维数据分析的精准决策，极大提高了教育的效果与质量。

三、多模态 AI 的技术逻辑

多模态 AI 的实现依赖于一系列核心技术，这些技术各自在不同的模态中发挥着至关重要的作用，且彼此协同，共同实现多模态 AI 的强大能力。

1. 自然语言处理（NLP）

自然语言处理（NLP）技术是多模态 AI 中处理文本信息的基础。NLP 技术使得 AI 能够理解和生成自然语言，从而与用户进行流畅的语言交互。NLP 不仅可以用于文本理解（包含文本表达的情感分析、问答系统），还能够用于文本生成上下文预测❶和语义理解（如语法分析、命名实体识别）。在教育领域，NLP 技术使得 AI 能够实时分析学生的书面或口头回答，甚至从学生的文本中提取情感信息，辅助教师进行个性化教学。

2. 计算机视觉（CV）

计算机视觉（CV）技术使得 AI 能够处理和理解图像与视频数据。通过计算机视觉技术，AI 可以识别图片中的物体、人物、动作，甚至分析学生的面部表情和肢体语言。这项技术在教育领域应用广泛，特别是在智能监控、学习行为分析和情感识别等方面。通过对学生面部表情和眼动轨迹的实时监测，AI 可以帮助教师了解学生的情感状态，进一步调整教学方法。

3. 语音识别与合成（ASR/TTS）

语音识别（Automatic Speech Recognition，ASR）与语音合成（Text-to-Speech，TTS）技术的发展，使得人工智能（AI）能够与用户进行更加自然的语音交互。ASR 技术能够将人类的语音信号转换成相应的文字信息❷，而 TTS 技术则能够将文字信息转化为自然流畅的语音输出。这两项技术的结合，为教育领域带来了革命性的变化，特别是在辅助学生学习的过程中，它们发挥了巨大的作用。

通过语音识别与合成技术的辅助，学生可以更加便捷地与 AI 系统进行互动。例如，当学生在学习过程中遇到难题时，他们可以通过语音提问的方式直接向 AI 系统寻求帮助。AI 系统则利用语音识别技术理解学生的语音指令，并通过语音合成技术，以自然的语音形式给出解答和反馈。这种交互方式不仅提高了学生的学习效率，而且使得学习过程更加生动有趣。

此外，语音识别与合成技术的结合，为教育场景中的多模态交互提供了有力的技术支持。多模态交互指的是通过多种感官通道进行信息交换，例如视觉、听觉等。在教育场景中，除了语音交互之外，还可以结合图像、视频等多种形式的信息，为学生提供更加丰富和立体的学习体验。这种多模态的学习方式，不仅能够激发学生

---

❶ 曾骏，王子威，于扬，等. 自然语言处理领域中的词嵌入方法综述 [J]. 计算机科学与探索，2024，18（1）：24-43.

❷ Liu X B，Xu M F，Li M H，et al. Improving English pronunciation via automatic speech recognition technology[J]. International Journal of Innovation and Learning，2019，25（2）：126-140.

的学习兴趣，还能够帮助他们更好地理解和记忆学习内容，从而有效提升学生的学习效果。

4. 多模态融合

在多模态融合的实践中，我们发现，不同模态数据的同步和对齐是实现有效融合的关键。例如，在处理视觉和语言数据时，需要确保图像中的视觉元素与描述它们的文本信息同步，这不仅涉及图像识别技术的精确度，还包括自然语言处理技术对文本语义的深入理解。此外，多模态融合还涉及对数据进行预处理，比如特征提取和降维，以减少噪声并突出重要信息，从而提高融合效率。这一过程要求算法不仅能够处理大规模数据集，还能够灵活适应不同模态数据的特性，确保在融合过程中，每一种模态的独特价值都能得到充分利用，最终达到提升 AI 整体性能的目的。

四、多模态 AI 的核心技术

1. 数据表征

数据预处理是多模态数据处理的第一步，目的是消除数据中的噪声和不一致性，确保数据的质量和一致性。对于图像数据，常见的预处理方法包括去除噪声、调整亮度对比度、裁剪和缩放等。通过高斯滤波去除图像中的随机噪声，通过直方图均衡化调整图像的亮度和对比度，以提高图像的视觉效果和特征提取的准确性。对于音频数据，常见的预处理方法包括去除背景噪声、音量标准化和降采样等。通过谱减法去除音频中的背景噪声，通过音量标准化确保音频的音量一致，以便进行后续的特征提取和分析。在实际应用中，数据预处理的步骤和方法会根据具体的数据类型和应用场景进行调整。在医学影像处理中，可能需要进行更复杂的图像校正和标准化操作，以确保不同设备采集的影像数据具有可比性。在语音识别中，可能需要进行更精细的音频预处理，以提高识别的准确性和鲁棒性（robustness）。

2. 数据融合

数据融合是将不同模态的数据结合起来，以提高信息的完整性和准确性。数据融合可以分为三个层次：数据级融合、特征级融合和决策级融合。

数据级融合：将图像和视频数据合并，或者将音频和文本数据合并。将图像和视频帧图像与对应的音频片段进行融合，生成带有音频的视频数据。在融合中，可以通过时间序列对齐视频中的每一帧音频和文本，可以通过语音识别技术将音频转换为文本，再将文本与原始音频进行融合，生成带有文本标注的音频数据。数据级融合的优点是可以保留原始数据的完整信息，但可能会导致数据维度过高，增加计算复杂度。

特征级融合：将图像特征和文本特征进行加权平均或通过深度学习模型进行融合。在图像和文本融合中，可以通过卷积神经网络（CNN）[1] 提取图像的高层特征，通过循环神经网络（RNN）[2] 提取文本的时序特征，再将这两种特征进行加权平均或通过深度学习模型进行融合，生成综合特征向量。特征级融合的优点是可以减少特征维度，提高计算效率，但需要确定合适的融合方法和权重。

决策级融合：将不同模态的分类结果进行投票或加权平均，以得到最终的决策结果。在多模态分类任务中，可以通过多个分类器分别对不同模态的数据进行分类，再将分类结果进行投票或加权平均，生成最终的分类结果。决策级融合的优点是可以充分利用不同模态分类器的优势，提高分类的准确性和鲁棒性，但需要确定合适的投票策略和权重。

3. 模型训练

多模态数据处理通常需要设计和训练复杂的模型，以充分利用不同模态的信息。常见的模型训练方法包括联合训练、迁移学习和强化学习。

联合训练：同时训练一个模型来处理多种模态的数据。使用多任务学习框架，同时优化多个任务的损失函数。在多模态情感识别中，可以同时训练一个模型来识别面部表情、语音语调和文本内容中的情感信息，通过共享信息来提高学习效果。联合训练的优点是可以充分利用不同模态之间的关联信息，提高模型的性能和泛化能力，但需要设计复杂的模型结构和损失函数。

迁移学习：利用一个模态的数据来辅助另一个模态的学习。利用预训练的图像模型来初始化文本模型的参数。在图像分类任务中，可以利用预训练的 CNN 模型来

---

[1] 金马，宋彦，戴礼荣.基于卷积神经网络的语种识别系统[J].数据采集与处理，2019，34（2）：322-330.

[2] 杨丽，吴雨茜，王俊丽，等.循环神经网络研究综述[J].计算机应用，2018，38（增刊2）：1-6，26.

初始化文本分类模型的参数，通过迁移学习将图像模型在图像数据上学到的特征和知识迁移到文本数据上，提高文本分类的准确性和效率。迁移学习的优点是可以减少训练数据的需求，提高模型的训练速度和性能，但需要确定合适的迁移策略和预训练模型。

强化学习：通过多模态反馈来优化模型的决策过程，结合视觉和触觉信息来优化路径选择。在机器人导航任务中，可以通过强化学习算法，根据视觉和触觉反馈调整机器人的行为策略，优化路径选择，提高导航的准确性和效率。强化学习的优点是可以根据多模态反馈动态调整模型的行为策略，提高模型的适应性和鲁棒性，但需要设计复杂的奖励函数和策略网络。

4. 模型优化

为了提高多模态模型的性能，需要进行模型优化。常见的优化方法包括正则化、注意力机制和多模态融合策略。

正则化：通过添加正则化项（如 L1、L2 正则化）来防止过拟合，提高模型的泛化能力。在多模态模型中，可以通过添加 L1 或 L2 正则化项来限制模型的参数规模，防止模型过拟合，提高模型的泛化能力。正则化的方法简单易实现，但需要确定合适的正则化参数，正则化参数的确定可以通过交叉验证或实验来实现。

注意力机制：通过注意力机制动态地关注不同模态中的重要信息，提高模型的解释性和性能。在多模态模型中，可以通过注意力机制网络动态关注不同模态中的重要特征，通过加权的方式生成综合特征向量，提高模型的解释性和性能。注意力机制的优点是可以动态调整模型的关注点，提高模型的适应性和鲁棒性，但需要设计复杂的注意力机制网络和损失函数。

多模态融合策略：选择合适的融合策略，如早期融合、中期融合和晚期融合，以适应不同的应用场景。早期融合是在数据预处理或特征提取阶段进行融合，中期融合是在特征提取后进行融合，晚期融合是在模型输出层面上进行融合。不同的融合策略适用于不同的应用场景和任务需求，需要根据具体的应用场景和任务需求选择合适的融合策略。在图像和文本融合任务中，如果需要保留原始数据的完整信息，可以选择早期融合策略；如果需要减少特征维度，提高计算效率，可以选择中期融合策略；如果需要充分利用不同模态分类器的优势，可以选择晚期融合策略。

第二节　多模态 AI 的背景与发展趋势

一、多模态 AI 的背景

随着人工智能技术的快速发展，多模态 AI 技术在教育领域的应用已经成为一个重要的研究方向。这种技术能够整合文本、图像、声音等多种数据类型[1]，提供更为丰富和互动性更强的学习体验。AI 技术的进步不仅为个性化学习、智能化教学提供了可能，而且在提高教育资源的可访问性和可负担性方面发挥着重要作用。然而，AI 技术为教育领域提供了巨大的机遇的同时，也带来了一系列的挑战，如技术接受度、数据隐私保护、教育公平性等问题。

当前，AI 技术在教育领域的应用主要集中在智能教学系统、个性化学习路径推荐、学习效果评估等方面。通过 AI 技术可以实现个性化学习路径的设计，根据学生的学习习惯、知识水平和兴趣爱好，为其推荐合适的学习资源和课程内容。此外，AI 技术还可以帮助教师进行学习效果的评估，通过分析学生的学习数据，为教师提供反馈，帮助其优化教学策略。

AI 技术在教育领域的应用也面临着诸多挑战。首先，技术的更新换代速度快，需要教育机构不断更新知识和技术，以适应新的技术变革。其次，数据隐私和安全问题是 AI 教育应用过程中必须要解决的问题，尤其是涉及学生个人信息的收集和使用等问题。此外，AI 技术可能加剧教育资源的不均衡分布，影响教育公平性。尽管如此，AI 技术在教育领域的应用仍具有巨大的发展潜力。

未来，随着技术的不断进步和教育理念的更新，AI 有望在提高教育质量、实现教育公平等方面发挥更加积极的作用。因此，研究和实践多模态 AI 技术在全资源育人模式中的应用，不仅有助于推动教育领域的创新发展，也对培养适应未来社会需求的人才具有重要意义。

---

[1] 李白杨，白云，詹希旎，等.人工智能生成内容（AIGC）的技术特征与形态演进[J].图书情报知识，2023（1）：66-74.

二、多模态 AI 的发展趋势

在当前快速变化的技术背景下，人工智能（AI）的迅速发展正在深刻改变教育领域的面貌。多模态 AI 技术，特别是在教育领域的应用，为传统的教育模式带来了新的可能性和挑战。多模态技术指的是能够处理并整合文本、声音、图像甚至视频等多种媒介信息的 AI 技术[❶]。"随着人工智能的发展与深度学习相关方法的不断更新，多模态领域的研究热点也不断更新[❷]。"基于现有的研究成果，这种技术的出现，为解决多角度、多层次的教育需求提供了技术支持，使得教育过程中的知识传递、学习效率和学习体验都有了新的改进。以下是多模态 AI 技术的主要发展趋势。

1. 模型能力持续升级

多模态 AI 模型的性能不断提升，能够更好地处理和理解多种模态的数据。例如智源人工智能研究院推出的 Emu3 模型，通过自回归技术结合图像、文本和视频三种模态，在图像生成、视觉语言理解和生成方面表现出色。此外，深度求索的 DeepSeek 朝着多模态 AI 迈出了一大步，能够处理文本、图像等多种模态的数据。

2. 跨模态交互能力增强

多模态 AI 能够更好地理解和关联不同模态之间的信息，实现更精准的跨模态交互和转换。可以根据文本描述生成高质量的图像或视频，也可以理解图像或视频内容并生成相关的文本描述。这种能力在教育领域尤为重要，可以为学生提供更加丰富和直观的学习体验。在医疗领域，它可以通过分析患者的医疗影像和电子病历，帮助医生更准确地诊断疾病。在自动驾驶领域，它可以结合视觉和传感器数据，提高车辆的自动驾驶能力。此外，多模态 AI 还可以在娱乐行业中发挥作用，比如结合音乐和视觉元素创造新型的娱乐体验。总之，多模态 AI 的发展为我们提供了一个全新的视角，让我们能够更全面地理解和解释世界。

3. 应用场景的拓展

多模态 AI 的应用场景不断拓展，从教育到医疗、娱乐等多个领域都有广泛的

---

❶ 李白杨，白云，詹希旎，等.人工智能生成内容（AIGC）的技术特征与形态演进[J].图书情报知识，2023（1）：66-74.

❷ 李萍，王丽丽.国内多模态技术的研究现状与发展趋势：基于 CiteSpace 的可视化分析[J].智能计算机与应用，2025，15（1）：194-202.

应用。在教育领域，多模态 AI 可以支持个性化学习方案的设计，通过分析学生的语音、图像和文本数据，提供更加精准的学习建议。

4. 多模态数据融合方法的创新

多模态 AI 技术在数据融合方面不断创新，包括数据级融合、特征级融合、决策级融合等方法。如中国电信申请的多模态检索模型专利，通过视频编码器和文本编码器的结合，优化了多模态检索模型的性能。这种数据融合方法在教育领域可以用于整合学生的课堂表现、作业完成情况和情感状态等多模态数据，从而更全面地评估学生的学习状态。

5. 伦理与法规的完善

随着多模态 AI 技术的普及，相关的伦理和法规问题也日益受到关注。数据隐私和安全问题需要通过合理的应用场景、适度的监管措施以及科技公司的社会责任感来解决。在教育领域，确保多模态 AI 的使用符合伦理和法规要求，将有助于推动其更广泛的应用。

第三节　多模态 AI 在教育智能化中的应用

在智能技术迅猛发展的背景下，教育领域正经历从"数字化"向"智能化"的深刻转型。然而，当前教育智能化仍面临诸多痛点，如资源分配不均、个性化教学缺失、教学效率低下等。多模态 AI 作为一种整合文本、图像、语音、视频等多种数据模态的人工智能技术，凭借其全面感知与综合分析能力，为解决这些问题提供了新路径。本节将结合教育智能化的实际挑战，系统阐述多模态 AI 如何赋能教育全场景，并探讨其应用潜力与未来发展方向。

一、传统教学的核心痛点

1. 教育资源分配的结构性失衡

城乡与区域差异：优质教育资源高度集中于城市和经济发达地区，农村及偏远地区师生难以获取先进的教学工具和内容。

这种失衡不仅体现在硬件设施上，还体现在师资力量、教学方法和教学资源等多个层面。城市和经济发达地区的学校往往拥有更先进的教学设备和更丰富的教育资源，而农村及偏远地区的学校则面临着师资匮乏、教学条件简陋等问题。这种资源分配的不均衡，使得不同地区的学生在接受教育的质量和机会上存在着显著的差异，进而影响了教育的公平性。

师资力量薄弱：部分学科（如人工智能、数据科学）专业教师匮乏，教师队伍整体数字化教育能力不足，难以支撑智能化教学需求。

这种结构性失衡导致了教育机会的不平等，限制了学生的全面发展。为了解决这一问题，多模态 AI 技术可以通过智能化手段，将优质教育资源进行数字化和网络化传播，使得偏远地区的学生也能享受到高质量的教学内容。通过虚拟现实（VR）和增强现实（AR）技术，学生可以身临其境地参与到远程课堂中，与城市的优秀教师进行互动学习。同时，多模态 AI 还可以根据学生的学习进度和能力，提供个性化的辅导和反馈，从而弥补师资力量薄弱的不足。

2. 千人一面的传统教学模式

标准化教学与个性化需求的矛盾：传统课堂以教师为中心，教学内容固定，难以适应不同学生的学习速度、兴趣和认知风格。

传统教学模式忽视了学生的个体差异，导致学生的学习积极性和参与度不高。多模态 AI 技术可以通过分析学生的学习行为、兴趣偏好和认知能力，为每个学生提供量身定制的学习路径和资源。对于喜欢视觉学习的学生，可以提供丰富的图像和视频资料；对于偏好听觉学习的学生，则可以提供音频讲解和互动对话。这种个性化的教学模式能够更好地激发学生的学习兴趣，提高学习效果。

学生参与度低：单向讲授导致课堂互动性不足，学生被动接受知识，高阶思维能力（如批判性思维、创造力）培养受限。

此外，千人一面的传统教学模式还缺乏对学生情感状态的关注。在传统课堂中，教师往往难以实时捕捉学生的情感变化，无法及时调整教学策略以激发学生的学习热情。而多模态 AI 技术可以通过分析学生的面部表情、语音语调等非语言信息，实时评估学生的情感状态，为教师提供反馈。教师可以根据这些反馈调整教学方式和内容，以更好地适应学生的情感需求，提高学生的学习积极性。

3. 教学与科研效率的瓶颈

教学过程缺乏动态调整：教师难以及时获取学生学习状态的全面数据，教学策略调整滞后。

科研过程也面临着数据管理和分析方面的挑战。传统的研究方法往往依赖于人工收集和分析数据，效率低下且容易出错。多模态 AI 技术可以通过自动化的数据收集和分析工具，帮助研究人员快速准确地处理大规模数据，提高科研效率。在心理学研究中，多模态 AI 可以通过分析学生的面部表情、语音和文本数据，揭示学生的学习动机和情感状态，为研究人员提供更为深入和全面的研究视角。同时，多模态 AI 还可以帮助研究人员快速筛选和分类文献，提高文献综述和研究的效率。

科研数据处理的低效性：传统科研依赖人工收集与分析数据，耗时长且易受主观因素影响，对于跨学科复杂问题的解决能力不足。

为了解决教学与科研效率的瓶颈问题，多模态 AI 技术提供了有效的解决方案。通过智能化的数据收集和分析工具，多模态 AI 能够实时监测学生的学习状态，为教师提供全面的学生学习数据。这些数据包括学生的课堂参与度、作业完成情况、考试成绩以及在线学习行为等，为教师提供了全方位的学生学习画像。基于这些数据，教师可以及时调整教学策略，为学生提供个性化的指导和支持，从而提高教学效率和学习效果。

二、多模态 AI 的教育智能化适配性

1. 全维度感知

突破单一数据模态的局限，全面捕捉教学场景中的显性与隐性信息。在传统的教学环境中，我们通常依赖单一的数据模态，如文本、音频或视频，来收集和分析教学场景中的信息。然而，这种方式往往无法全面捕捉教学场景中的显性与隐性信息，因为它忽略了其他关键的信息来源和数据模态。为了更全面地理解和改进教学效果，我们需要突破单一数据模态的局限，采用多元化的数据收集和分析方法。我们可以通过以下方式实现这一目标：

多模态数据收集：除了传统的文本、音频和视频数据，我们还可以收集其他类型的数据，如学生的参与度、学生的学习进度以及学生的反馈和评价。

深度数据分析：收集多模态数据后，我们需要采用深度数据分析的方法来挖掘数据中的信息。例如，我们可以通过深度学习模型来分析学生的学习进度和参与度，以发现可能影响学习效果的关键因素。

实时反馈和调整：通过实时分析多模态数据，我们可以及时了解教学效果，并根据需要调整教学策略。如果数据显示学生在某个主题上的学习进度普遍较慢，我们可以调整教学计划，增加该主题的教学时间。

跨学科研究：为了更全面地理解教学场景，我们还可以与其他学科的研究者合作，例如心理学家、教育学者等，共同研究教学场景中的显性与隐性信息。通过突破单一数据模态的局限，我们可以更全面地捕捉教学场景中的显性与隐性信息，从而更有效地改进教学效果。

2.动态适应性

基于实时数据分析，动态调整教学策略与资源推荐。这一教学理念的实施，需要教师、教育管理者和技术人员的紧密协作。在实际操作中，这意味着教师需要根据实时数据分析的结果，调整自己的教学策略，同时，教育管理者和技术人员也需要根据这些数据，推荐合适的教学资源。

如果我们正在进行在线教学，教师可以通过学习管理系统（LMS）收集学生的学习数据，如学习时间、完成任务的速度、参与讨论的频率等。这些数据会实时生成报告，教师可以根据这些报告，调整教学策略。假如数据显示大部分学生在某个知识点上花费的时间过长，教师就可以调整教学速度，或者提供额外的学习材料和练习，帮助学生更好地理解和掌握这个知识点。

同时，教育管理者和技术人员也可以根据这些数据，推荐合适的教学资源。如果数据显示学生在某个知识点上的理解程度不一，教育管理者就可以推荐一些差异化教学资源，用不同难度的练习题，满足不同学生的学习需求。技术人员则可以优化在线教学平台，使其更好地适应这种教学策略的调整。

基于实时数据分析的教学策略动态调整与资源推荐，可以使教学更加个性化，更加符合学生的实际需求，从而优化教学效果。

3.人机协同增效

在当前的教育环境中，教师们常常需要承担大量的重复性工作，这不仅消耗了他们大量的时间和精力，也限制了他们在教学创新和课程设计等关键领域的发挥。

现在，随着多模态 AI 的引入，这种情况正在发生改变。多模态 AI 辅助教师完成重复性工作，将教师的主要工作集中在创新育人、教学设计等方面。

多模态 AI 是一种能够理解和生成多种类型的内容（如文本、音频、图像、视频等）的人工智能。它能够自动完成一些重复性的教学任务，如批改作业、管理学生信息、制定教学计划等，从而让教师们有更多的时间和精力去关注创新育人和教学设计。

多模态 AI 教学助手（系统）可以通过自然语言处理技术，自动批改学生的作业和作文。它不仅可以检查语法和拼写错误，还可以分析学生的论证逻辑和写作风格，并提供具体的修改建议。这大大减轻了教师们批改作业的负担，也使得多模态 AI 助手能够从旁协的角度引导学生进行更深层次的思考和讨论。

此外，多模态 AI 还可以帮助教师进行教学设计。它可以根据学生的学习数据，自动生成个性化的学习计划和教学资源，帮助教师更好地满足每个学生的学习需求。同时，它也可以通过图像识别和视频分析技术，帮助教师了解学生的学习情况，以便进行更有效的教学反馈。

总而言之，多模态 AI 的引入，正在改变教师的工作方式，使他们能够从繁重的重复性工作中解脱出来，更好地专注于创新育人和教学设计。这不仅能够提高教学效率，也能够提高教学质量，为学生提供更好的学习体验。

三、多模态 AI 在教育智能化中的场景化应用

1. 个性化教学：从"标准化"到"精准化"

学习行为的多模态分析：通过摄像头捕捉学生课堂表情（如困惑、专注），语音记录互动频次。为了清晰地说明多模态学习数据的分析流程，可以研究构建数据映射分析模型❶。结合在线学习平台的行为日志，可以构建学生知识掌握度与学习风格模型。

智能资源推荐与路径规划：基于学生能力图谱，推荐差异化学习资源（如视频、习题、实验模拟），并动态调整学习路径。融合协同过滤算法与知识图谱技术，确保

---

❶ 张琪，李福华，孙基男 . 多模态学习分析：走向计算教育时代的学习分析学 [J]. 中国电化教育，2020（9）：7-14，39.

推荐内容兼具适配性与拓展性。

2. 智能课堂：构建"师—生—机"协同生态

课堂实时互动增强：语音识别技术实时转录师生对话，结合 NLP 技术分析讨论质量，生成课堂热点词云与知识关联图，辅助教师把控教学节奏。在小组讨论中，AI 自动识别各组发言贡献度，提示教师关注沉默学生，促进全员参与。

教学效果即时反馈：通过多模态数据（如学生答题正确率、课堂注意力曲线）生成教学效果热力图，帮助教师快速定位薄弱环节。

3. 数智赋能科研：跨学科创新的催化剂

多模态数据驱动的科研辅助：AI 整合实验视频、仪器读数、文献文本，自动生成实验报告假设与数据分析建议。在社会科学中，AI 分析访谈录音、视频记录与调查问卷，挖掘潜在的社会现象关联性。

跨学科知识融合与可视化：利用多模态 AI 构建跨学科知识图谱，帮助研究者发现领域交叉点。例如，将艺术史图像与历史文献结合，揭示文化传播路径。

4. 智能助教：拓展教育边界

智能助教：教师教学的得力助手智能助教是指辅助教师进行教学活动的智能化工具或平台，它们能够利用自然语言处理和图像识别技术。智能助教可以自动批改客观题，甚至对主观题进行初步评估，减轻教师负担，提高教学效率。

学情分析与反馈：智能助教可以收集和分析学生的学习数据，生成学情报告，帮助教师及时了解学生的学习情况，调整教学策略。

教学资源推荐：根据教学内容和学生需求，智能助教可以智能推荐相关的教学资源，如视频、音频、图片、虚拟现实等丰富教学内容，提升课堂趣味性。

这种结合了最新技术的教学模式，不仅能够提高偏远地区学生的学习兴趣和效率，还能让他们享受到高质量的教育资源，从而缩小城乡教育差距。更重要的是，这种教育方式的灵活性和可访问性，为学生提供了更多的学习选择和可能性，真正实现了教育的个性化和多元化。智能助教的应用，正在逐步改变我们的教育方式，为学生提供更加丰富、个性化的学习体验，同时也为偏远地区的教育公平注入了新的活力。随着技术的不断进步，我们有理由相信，未来的教育将更加公平、高效和有趣。

第二章

全资源育人的教育
理念与实践

第一节　全资源育人的理论框架

一、全资源育人的多维内涵与教育价值

1. 全资源教学的定义

全资源教学是一种创新的教育模式，是全资源育人的核心内容，旨在通过全面整合学校、社会、虚拟等多种资源，构建一个开放、动态和个性化的教育生态系统，以满足不同学生的多样化学习需求。这一理念超越了传统教育资源的局限，借助多模态数据和智能技术，实现教育资源的高效共享和精准匹配，为学生提供跨学科、多模态和个性化的学习体验。"这些新技术正在我们眼前引起一场真正的革命，这场革命既影响着与生产和工作有关的活动，又影响着与教学和培训有关的活动[1]。"

资源开放：全资源教学强调资源的开放性，不仅限于学校内的课程与教材，还包括社区资源、企业实践场景、在线课程和全球教育资源。这种开放性打破了教育资源的地域和时间限制，使学生能够接触到更广泛的知识和信息。学生可以通过在线课程学习世界各地的顶尖学者的讲座，通过社区资源参与本地的文化活动，通过企业实践场景了解所学知识在实际工作中的应用。

资源动态性：通过技术手段动态更新教育资源，使其能够适应快速变化的学术前沿和社会需求。如基于学习分析的数据实时调整课程内容，以匹配学生的学习进度，确保教学内容的时效性和相关性。

这种动态性的实现，不仅大大提高了教育资源的可用性和相关性，还有助于提升学生的学习效果和兴趣。学生能够感受到学习的实时性和个性化，这将激发他们的学习热情，使他们更加积极主动地参与到学习过程中。最终，这种教育资源的动态性有助于培养学生的自主学习能力和适应快速变化的能力，为他们未来的学术和职业生涯打下坚实的基础。

---

[1] 国际 21 世纪教育委员会 . 教育——财富蕴藏其中 [M]. 北京：教育科学出版社，1996：166.

　　资源个性化：为学生定制最适合其学习风格和目标的教育资源，包括个性化作业、拓展阅读和实践活动。这种个性化不仅提高了学生的学习兴趣和积极性，还提升了学习效果和效率。根据学生的学习情况和兴趣，推荐相关的学习材料和活动，能帮助学生更好地掌握知识。如果一个学生对科学感兴趣，系统可以推荐一些与科学相关的实践活动、科学实验和科学项目，以增强他们的实践能力和创新思维。此外，还可以提供实时反馈和进度跟踪，让学生和家长都能清楚地了解学生的学习进度和成果。学生可以通过系统接收到关于他们作业和项目的反馈，这些反馈可以帮助他们了解自己的强项和需要改进的地方，从而更有效地学习。

2. 全资源教学的资源分类

　　传统资源：包括纸质教材、课堂讲义、实验报告等传统教学工具。这类资源以其内容稳定、易于传递和可重复使用的特点，在课堂教学中占据了核心地位。纸质教材通过精心设计的教学大纲和内容组织，为学生提供了系统化的知识框架，而课堂讲义则是教师对教材内容的深入解释与拓展。实验报告作为实践教学的重要载体，帮助学生巩固理论知识并锻炼实际操作能力。传统资源虽然形式单一，但其长期稳定性为现代教育资源的扩展和整合奠定了坚实的基础。

　　数字资源：数字资源涵盖在线课程、虚拟实验室、数字图书馆等，其核心优势在于易于更新、检索便捷，并且能够突破时空限制。在线课程以其灵活性和广泛性使学习者能够随时获取多学科的优质教学内容。虚拟实验室通过仿真技术为学生提供真实实验无法覆盖的场景和操作，如在科学研究中模拟复杂实验环境、再现极端条件或危险操作。数字图书馆则整合了海量的学术资源，通过精准的检索功能为用户提供便捷的知识获取途径。这些资源不仅提高了学习的便利性，还通过技术支持实现了教育资源的动态更新与个性化服务，为现代教学注入了更多可能性。

　　社会资源：包括社区资源、企业资源和公共资源。这类资源在职业教育中尤为重要，因其能够弥补课堂教学与实际工作场景之间的差距。社区资源如文化馆和博物馆，通过提供与专业领域相关的实践内容，为学生在社会文化背景下的学习提供支持。企业资源则包括实习基地、行业导师、技术设施等，能为学生提供真实的工作环境和最新的行业技术。公共资源例如政府提供的开放数据、政策指南和专项支持项目，可以为职业教育课程设计和资源整合提供政策性引导和实践支持。通过将这些资源引入教学，职业教育能够在理论与实践之间架设桥梁，培养学生的实际操作能力、解决问题的能力以及对行业需求的深刻理解。

3. 全资源教学对学生综合素质提升的价值

全资源共享与学生创新能力培养的关系：全资源共享为学生提供了多样化的知识背景，使其能够跨越单一学科的局限性。利用科学、艺术与技术资源，学生能够在跨学科项目中提升创新能力。如数字媒体专业课程"视听语言"中，学生可以采用虚拟现实技术实时调用虚拟摄像机，来沉浸式地感受各种景别，调用虚拟镜头的不同焦段来实现不同景别的变化。这种跨学科的资源整合不仅拓展了学生的知识视野，还培养了他们的批判性思维和创新能力。

教育不仅是知识的传递，更是创新能力培养的沃土。在这样的教育环境中，学生不再是被动的信息接收者，而是积极的知识探索者。他们通过全资源育人模式，接触到各个领域的知识和技术，这种跨界的学习模式，为他们提供了一个自由探索、自由创造的空间。

假设在设计一个关于环境保护的跨学科项目时，学生们可以结合地理学、环境科学、经济学和法学等多个学科的知识，共同探讨如何有效地减少碳排放，以及如何通过法律手段来保护我们的地球。在这样的项目中，学生们不仅能够将理论知识应用到实际问题中，还能够在实践中发现问题、分析问题并解决问题，从而在不知不觉中提高他们的创新能力。

学科交叉领域资源对知识建构的支持：跨学科全资源的整合为学生的知识建构提供了更大的灵活性。在工程设计课程中，学生可以结合生物学和材料科学的资源，完成具有实际价值的创新性设计，为知识的实践化应用提供支撑。通过这种跨学科的学习，学生能够更好地理解不同学科之间的联系，构建更为系统和全面的知识体系。

在跨学科的学习模式下，学生不仅需要具备跨学科的知识结构，还需要具备跨学科的思维方式。他们需要在不同学科的知识之间建立联系，形成自己的见解。如在"角色设定"课程中，设计一个怪兽，既需考虑生物学特性又需兼顾表面不同材质的肌理以及制作动画时候表现出的不同的动力学特征，学生必须理解生物学中的生命活动规律和材料科学中的材料性质，并将这些知识应用到实际的设计中。此外，这种跨学科的学习方式也对教师提出了更高的要求。教师不仅需要具备跨学科的知识背景，还需要具备将不同学科的知识整合到教学中的能力。这需要教师不断更新自己的知识体系，同时也需要掌握新的教学方法和技巧，提供跨学科的课程设计和教学资源，以支持教师的跨学科研究。通过这些措施，可以帮助学生更好地进行跨学科的学习，提高他们的创新能力和实践能力。全资源育人模式整合为学生的知识建构提供了更大的灵活性，有助于他们更好地理解和应用知识。

教育资源在实践学习中的作用：学校不仅通过传统课堂传授知识，还通过实地学习和项目式课程优化教学。通过整合数字图书馆和社会实践课程，学生能够运用多模态资源直接解决实际问题。这种实践学习不仅提高了学生的动手能力，还增强了他们的问题解决能力和团队合作能力。

全资源育人模式，让学生们在接触传统知识的同时，更多地体验到在实践中学习的乐趣，从而更好地理解和掌握知识。学生们不仅能够在教室里学习理论知识，还能通过实验室的实验、虚拟现实等新模态的资源直观地获得理论知识，更加深入地理解理论的原理。就像在历史课上，学生们不仅能够通过教科书了解历史事件的发生和发展，还能通过虚拟现实教学资源身临其境地感受到历史事件的现场，亲身体验历史的厚重感，更加深入地理解历史的内涵。

二、全资源育人的内外部资源整合

1. 学校、社会与虚拟资源的协同优化

三元融合的资源协同路径：全资源育人模式将学校资源（课程、教师）、社会资源（社区、企业）与虚拟资源（数字平台、仿真实验室）等进行整合，构建出一个多维的教育生态系统。学校可以利用社会资源开展职业实训，并通过虚拟平台提供补充教学，从而实现资源在时间和空间维度上的优化配置。通过校企合作项目，学生可以在企业环境中学习工作流程，并通过虚拟仿真技术进行技能训练。这种协同优化不仅提高了资源的利用效率，还提升了学生的学习效果和实践能力。

三元融合的实施，不仅仅是资源的简单整合，更是一种创新的教育模式的探索。全资源育人模式强调的是教育的全面性，它不仅包含了传统的学校教育资源，更包括了社会和虚拟的教育资源。这种模式的实施，需要学校、社会和虚拟平台的深度合作，通过这种合作，可以实现资源的最大化利用，提高教育的效率和质量。

学校可以通过与企业的合作，为学生提供实习和实训的机会，让学生在实践中

学习和掌握工作技能。同时，虚拟平台可以为学生提供补充教学，"企业可通过信息化平台实时查看学生的作品设计、加工的关键步骤、设计过程❶"，如在线课程、在线讨论等，这些都可以帮助学生更好地理解和掌握知识。

此外，三元融合还强调资源的动态配置，即根据学生的学习需求和学习进度，灵活调整资源的分配。当学生在某个知识点上遇到困难时，可以通过虚拟平台获取更多的学习资源和学习支持。"学生能够在学校这个场域中，不受时间、空间的限制，与企业、行业导师沉浸式地共同体验产品的设计效果，并以第一视角参与或主导产品设计，实现校企行三元同步教学❶。"

三元融合的全资源协同路径，不仅可以实现资源的优化配置，提高教育的效率，还可以提升学生的学习效果和实践能力，为学生的全面发展提供了更多的可能性。这种模式的实施，无疑为教育的发展开辟了新的道路，也为学生的成长提供了更多的机会。

2. 技术支持下的资源匹配与动态分发

多模态 AI 算法在资源精准推送中的应用：多模态 AI 在全资源育人中精准推送教学资源的应用，正逐渐成为教育领域的重要创新方向。多模态 AI 通过整合文本、图像、音频、视频等多种数据模态❷，能够全面分析学生的学习行为、兴趣爱好和实时学习状态，从而实现个性化教学资源的精准推送。这种技术不仅能够根据学生的学习情况和偏好，动态调整教学内容和形式，还能通过实时监测学生的学习进度和困难点，及时提供针对性的资源和指导。当学生在某一知识点上遇到困难时，系统可以自动推送相关的讲解视频、互动练习和拓展阅读材料，帮助学生更好地理解和掌握知识。这种精准推送机制不仅提高了学生的学习兴趣和积极性，还显著提升了学习效果和资源利用效率。

多模态 AI 在教学资源的生成和优化方面也发挥着重要作用。通过 AI 生成技术，可以根据教学内容自动生成多种形式的教学资源，如与知识点相关的配图、不同风格的授课逐字稿及视频、配套练习题与解题步骤等。这些资源不仅丰富了教学内容，

---

❶ 张盼盼. 校企行"三元育人"背景下职业院校艺术设计专业信息化教学探索 [J]. 河南教育（高等教育），2023（2）：71-72.

❷ 李白杨，白云，詹希旎，等. 人工智能生成内容（AIGC）的技术特征与形态演进 [J]. 图书情报知识，2023，40（1）：66-74.

还能满足不同学生的学习需求。此外，多模态 AI 还能对教学资源进行跨模态整合，将文本、图像、音频、视频等多种模态的资源进行有机结合，为学生提供更丰富、更立体的学习体验。在讲解历史事件和特定情节时，系统可以同时推送相关的文字资料、历史图片、纪录片片段等，帮助学生更全面地了解历史背景。这种多模态资源的整合和优化，不仅提升了教学资源的质量和吸引力，还为学生提供了更加个性化的学习体验。

多模态 AI 通过分析学生的学习行为和兴趣爱好，为其动态推送个性化资源。这种精准推送不仅提高了学生的学习兴趣和积极性，还提升了学习效果和效率。

多模态 AI 驱动的资源分发机制优化： 多模态 AI 驱动的资源分发机制优化是教育领域中的一项重要创新，旨在通过整合多种数据模态，实现教育资源的高效、精准分配，从而更全面地理解学生的学习需求和行为模式。这种技术的应用，使得教育资源的分发不再依赖于传统的静态分配方式，而是能够根据学生的实时学习状态和个性化需求，动态调整资源的推送策略。通过这种方式，教育资源的利用效率得到显著提升，学生的学习体验也更加个性化和高效。

在具体实施过程中，多模态 AI 系统能够实时监测学生的学习进度、知识掌握程度以及学习偏好等关键指标。通过对这些数据的深度分析，系统可以精准地识别学生在学习过程中遇到的困难和需求，从而及时推送最合适的学习资源。当系统检测到学生在某一知识点上存在理解困难时，可以自动推送相关的讲解视频、互动练习和拓展阅读材料，帮助学生更好地理解和掌握知识。这种动态调整机制不仅提高了资源的利用效率，还显著提升了学生的学习效果和学习体验。

多模态 AI 驱动的资源分发机制优化还具有重要的教育管理意义。通过整合和分析大量的学习数据，教育管理者可以更清晰地了解学生的学习情况和需求，从而制定更加科学合理的教育政策和资源分配方案。这种基于数据的决策支持，提高了教育管理的科学性和精准性，还为教育政策的制定和实施提供了有力保障。此外，多模态 AI 技术还能够促进教育资源的公平分配，确保每个学生都能获得适合自己的学习资源，从而推动教育公平的实现。

3. 跨领域资源整合的策略

构建跨领域知识图谱： 跨领域资源整合的首要策略是构建跨领域知识图谱。通过整合不同领域的知识体系，将各领域的概念、实体、关系等进行统一建模和表示，形成一个全面、连贯的知识网络。将学科知识、教学方法、学生特征等不同方面的知识进行整合，构建教育知识图谱，从而实现对教育领域知识的全面理解和应用。这种知识图谱的构建有助于打破领域壁垒，促进不同领域知识之间的关联和融合，为跨领域资源的整合和应用提供基础。

多模态数据融合：多模态数据融合是跨领域资源整合的重要策略之一。通过整合文本、图像、音频、视频、数字资产、虚拟现实等多种模态的数据，可以更全面地理解和分析不同领域的信息。在智能教育中，可以将学生的课堂表现（如表情、动作等）、作业完成情况、考试成绩等多种模态的数据进行融合，从而更准确地评估学生的学习状态和需求。多模态数据融合可以通过数据预处理、特征提取、特征融合等步骤实现，从而提高数据的利用价值和分析效果。

跨领域模型迁移：跨领域模型迁移是另一种有效的资源整合策略。通过将在一个领域中训练好的模型应用到另一个领域，可以充分利用已有的模型知识和经验，减少新领域的模型训练成本和时间。在自然语言处理领域，可以将在成熟的商业模式中预训练的语言模型（如 DeepSeek、GPT 等）应用到教学中，将商业的案例、评价标准等运用其中，提升教学评估完整性。

建立跨领域协同机制：跨领域资源整合还需要建立跨领域的协同机制。通过促进不同领域之间的合作与交流，可以实现资源共享、优势互补，共同解决复杂的问题。在教育与科技领域，可以建立教育科技协同创新中心，促进教育机构与科技企业之间的合作，共同研发和应用教育科技产品和服务。跨领域协同机制的建立需要明确各方的角色和责任，制定协同规则和流程，确保协同工作的顺利进行和资源的有效整合。

制定跨领域资源整合标准：为了确保跨领域资源整合的规范性和有效性，需要制定相应的资源整合标准。这些标准可以包括数据格式、接口规范、安全要求等方面的内容，从而确保不同领域的资源能够无缝对接和共享。以数字媒体专业群为例，在影视与广告领域，可以制定流媒体的格式标准、分辨率标准和长宽比标准等，促进视频资源的整合和共享。跨领域资源整合标准的制定需要充分考虑不同领域的特点和需求，以确保标准的科学性和实用性。

加强跨领域人才培养：跨领域资源整合还需要加强跨领域人才的培养。通过培养具备多领域知识和技能的人才，可以更好地推动跨领域资源的整合和应用。在人工智能与教育领域，可以培养既懂人工智能技术又懂教育教学的人才，促进人工智能技术在教育领域的应用和发展。跨领域人才培养可以通过跨学科教育、项目实践、课程培训等方式实现，提高人才的综合素质和跨领域能力。

三、全资源教育与无边界学习的契合点

20 世纪 90 年代末，澳大利亚学者斯图亚特·坎宁安等人在其所编著的《新媒体与无边界教育：评全球媒体网络和高等教育相结合》一书中首次使用"无边界教育"这一概念，即指传统高等教育机构、公司、政府或非政府组织利用现代媒体网络、通信和信息技术向跨地区所提供的教育与培训[1]。无边界课堂作为一种创新模式，正逐渐打破传统教学的时间与空间限制，为学生带来全新的学习体验。这一模式通过精心构建的时间框架、巧妙融合在线与线下教学的设计，以及灵活延展学习场景，实现了教育资源的优化配置与学习过程的个性化定制，有力推动了教育的现代化发展。

1. 打破时间与空间限制的学习模式

无边界课堂的时间框架：无边界课堂在时间维度上的突破，首先体现在学习机会的全天候提供。学生不再受限于传统课堂的固定授课时间，而是可以根据自己的生物钟、学习习惯以及日常安排，自由选择学习时间。无论是清晨的宁静时刻，还是深夜的宁静时分，只要有学习的需求和意愿，学生都能通过在线学习平台接入课程资源，开启学习之旅。这种弹性的时间安排，使得学习与生活能够更加灵活地融合，学生可以在完成日常事务或休息放松之余，自主安排学习进度，有效提升了学习的自主性和积极性。

无边界课堂还实现了跨时间段的学习衔接与巩固。通过在线学习平台，学生可以在课程结束后随时回放教学视频、查阅学习资料，对所学知识进行复习和深化理解。这种跨时间段的学习支持，有助于学生在面对遗忘曲线时，及时巩固记忆，强化对知识的掌握。同时，因特殊原因错过实时课程的学生，也能够通过回放功能进行补习，确保学习过程的完整性。

无边界课堂还能够根据学生的学习进度和掌握情况，提供个性化的学习时间规

---

[1] 彭红光，林君芬. 无边界教育：教育信息化发展新图景 [J]. 电化教育研究，2011，32（8）：16-20.

划。学习平台借助智能算法，分析学生在各个知识点上的学习时长、练习完成情况以及测试成绩等数据，为学生推荐合适的学习时间和学习任务。对于学习进度较慢的学生，平台可以增加相关知识点的练习时间和辅导资源；对于已经熟练掌握某些知识点的学生，则可以引导他们提前进入更深入的学习阶段。这种个性化的学习时间规划，使得每个学生都能在最适合自己的时间内，以最适合自己的方式学习，充分挖掘学习潜力。

2. 线上与线下教学的融合设计

无边界课堂在教学设计上，强调线上与线下教学的深度融合，以实现优势互补，提升教学效果。在线教学平台为学生提供了丰富的学习资源，包括但不限于教学视频、电子教材、在线测试、互动论坛等。这些资源以其数字化、多媒体化的特点，能够生动形象地呈现知识内容，激发学生的学习兴趣。同时，在线学习平台还支持自主学习模式，学生可以根据自己的学习节奏，自由选择学习内容和学习顺序，培养自主学习能力和自我管理能力。

线下教学则侧重于实践操作、小组讨论、面对面辅导等互动性强的教学活动。在实践操作环节，学生可以将在线学习到的理论知识应用到实际操作中，加深对知识的理解和掌握。在科学实验课程中，学生在线上学习了实验原理和步骤后，可以在实验室中亲自动手操作，观察实验现象，验证实验结果。小组讨论则为学生提供了交流合作的机会，他们可以围绕某一主题或问题，分享观点、碰撞思维火花，培养团队协作能力和批判性思维。面对面辅导则能够针对学生在学习过程中遇到的个性化问题，提供及时、精准的指导和帮助。

为了实现线上与线下教学的有效融合，教学设计需要注重以下几个方面。首先，教学目标的设定要兼顾知识传授与能力培养，明确在线学习和线下学习分别要达成的目标，确保两者相互补充、相互促进。其次，教学内容的组织要合理分配在线与线下的教学任务，根据教学目标和学生的学习需求，将基础知识、拓展知识、实践操作等内容科学分配到在线与线下教学中。基础知识可以通过在线教学视频进行讲解，拓展知识可以通过在线阅读材料和线下小组讨论相结合的方式进行学习，实践操作则主要在线下教学中完成。

教学方法的选择要充分考虑线上与线下教学的特点，采用多样化的教学方法。

在线教学可以运用视频讲解、动画演示、在线测试等方法，增强学习的趣味性和互动性；线下教学则可以采用案例分析、角色扮演、实验操作等方法，提高学生的参与度和实践能力。最后，教学评价的实施要综合考量线上与线下学习的表现，通过在线测试成绩、作业完成情况、课堂表现、小组讨论参与度等多维度数据，全面评估学生的学习效果，为教学改进提供依据。

3. 灵活学习场景的延展

无边界课堂将学习场景从传统的教室延伸到了更广阔的空间，实现了学习与生活的无缝对接。通过课堂与社区、企业、科研机构等社会资源的整合，学生可以在真实的社会情境中进行学习和实践。例如，学生可以参与社区服务项目，将所学的科学知识应用于社区环境保护活动中，通过实际操作和问题解决，提高自己的实践能力和创新思维。这种社会资源的引入，为学生提供了更加真实和多样化的学习情境，使他们能够更好地将课堂所学与实际生活相结合，增强社会责任感和实践能力。

无边界课堂还注重学习场景的个性化定制。通过学习分析技术，可以根据学生的学习偏好、兴趣爱好等，为学生推荐合适的学习场景和学习资源。对于喜欢视觉学习的学生，平台可以推荐更多的图表、视频等视觉化学习资源；对于喜欢动手实践的学生，平台可以推荐更多的实验、操作等实践性学习活动。这种个性化定制的学习场景，能够更好地满足学生的个性化学习需求，激发学生的学习兴趣和动力。

综上所述，无边界课堂通过打破时间与空间限制的学习模式，为学生提供了更加灵活、个性化和高效的学习体验。线上与线下教学的融合设计，充分发挥了两者的优势，实现了教学资源的优化配置和教学过程的个性化定制。灵活学习场景的延展，将学习从课堂延伸到了社会和生活中，为学生提供了更加真实和多样化的学习情境。随着教育技术的不断发展，无边界课堂将继续推动教育的创新与变革，为培养具有创新精神和实践能力的未来人才提供有力支持。

4. 打破学科与专业边界的学习模式

在当今社会，随着科技的迅猛发展和知识的快速更新，传统的单一学科、单一专业的人才培养模式已难以满足社会对复合型人才的需求。全资源教学通过跨学科资源的有机整合，推动了学科与专业之间的深度交融。教学设计不再以单一学科为核心，而是将不同学科领域的知识点进行逻辑关联和协同应用，培养学生的系统性思维能力。

该学习模式打通学院、学科、专业壁垒，全面梳理整合了学校信息网络科学与技术、计算机科学与视觉设计等学科群的知识单元，通过知识建模，有效实现了知识要点的"串珠成链"和知识逻辑的直观展现，更好赋能学生以复杂问题分解、按需知识学习、综合运用反馈等为重点的自主学习能力培养。这种跨学科专业交叉融合的培养模式，旨在培养具有强烈变革思维的"一专多能"复合型人才，是新兴学科的增长点、优势学科群的发展点、重大创新的突破点。

打破学科与专业边界的学习模式在课程体系上也进行了创新。学校开始构建综合化的课程体系，将不同学科、专业的课程进行有机整合，形成跨学科的课程群或模块。坚持构建有利于通识教育的大类培养模式，按照文理渗透、理工结合的要求，打通一级学科或专业大类下相近学科专业的基础课程，开设跨学科专业的交叉课程。这种课程体系的综合化，不仅拓宽了学生的知识面，还促进了学生对不同学科知识的融会贯通，培养了学生的综合素养和创新能力。

打破学科与专业边界的学习模式还注重教学方法的多样化。教师可以采用项目式教学、问题解决式教学、案例教学等多种教学方法，引导学生在实际情境中综合运用不同学科的知识和技能解决问题。打破学科与专业边界的学习模式还强调实践教学的协同化。学校通过建立跨学科的实践教学平台，整合校内外实践资源，为学生提供丰富的实践机会。高校可以与企业、科研机构等合作，建立跨学科的实践基地，让学生在实践中接触到不同学科领域的知识和技能，培养学生的跨学科实践能力和创新精神。同时，学校还可以组织跨学科的实践项目，让学生在项目中与不同专业背景的同学合作，共同解决问题，培养学生的团队协作能力和跨学科沟通能力。

打破学科与专业边界的学习模式是适应社会发展需求、培养复合型人才的重要途径。通过跨学科专业交叉融合、课程体系的综合化、教学方法的多样化、实践教学的协同化、师资队伍的多元化以及评价体系的完善，可以为学生提供更加广阔的学习空间和发展机会，培养学生的跨学科思维、综合素养和创新能力，"基于无边界原理的教育信息化发展目标是建成无区域、行业、部门、时空界限的数字教育服务共同体和终身教育体系 ❶"。

5. 打破学校与产业边界的学习模式

全资源教学结合产业资源，构建了学校与企业深度合作的教学体系，整合了传统教育与产业实践的资源。通过引入产业资源，课程能够精准对接行业需求，将企业生产流程、技术标准和真实案例转化为教学内容。教学中强调"学用结合"，学生不仅在课堂上学习理论，还能在企业实践中通过实操项目提升专业技能。这种模式还能够提升教学评价的实效性，通过企业导师的反馈和工作场景中的任务表现，对学生的职业能力进行综合评估，进一步优化人才培养方案。

校企合作的深化：通过建立紧密的校企合作关系，学校能够更好地了解产业的实际需求，从而调整教学内容和方法，使学生所学与企业所需紧密结合。形成了"实境耦合、生态融合、共生共长"的创新育人模式。这种模式不仅让学生在校期间就能接触到企业的实际运作和技术应用，还帮助学生更好地适应未来的工作环境。

校企合作还体现在共同制定人才培养方案、共建实训基地、共享教学资源等方面。通过这些合作，学校能够为学生提供更具实践导向的学习机会，而企业则能够提前培养和选拔优秀人才。通过"1+1+N"的模式，培养人工智能产业人才。这种模式不仅提高了学生的实践能力，还为企业的技术创新提供了人才支持。

产教融合的创新模式：产教融合是打破学校与产业边界的重要手段。通过产教融合，学校能够将产业的最新技术和管理经验引入教学过程中，使学生在学习过程中接触到最前沿的知识和技能。通过"通专融合、学科交叉、岗课融通"的人才培养模式，培养适应产业发展需求的高素质应用型、复合型、创新型人才。产教融合还体现在共建实训教学体系、开展项目式教学、实施现代学徒制等方面。通过这些创新模式，学校能够为学生提供更加真实和多样化的学习情境，使学生在实践中提升自己的能力和素质。

随着科技的不断进步和社会的快速发展，教育与产业的协同发展已成为必然趋势。未来，学校与产业之间的合作将更加紧密和深入，通过共建产业学院、共享教学资源、开展联合研发等方式，实现教育链、人才链、产业链、创新链的有效衔接。

---

❶ 林君芬. 信息化教育服务联盟及其系统学特征 [J]. 中国电化教育，2010（5）：32-37.

第二节　全资源育人相较于传统教育模式的区别与优势

一、全资源育人与传统教育模式的核心区别

全资源育人与传统教育模式的核心区别主要体现在教育理念、资源利用、育人目标以及教学方法等方面。以下是两者的核心区别分析。

1. 教育理念的差异

传统教育模式：以学科为中心，强调知识传授的系统性和标准化，注重学科知识的完整性与逻辑性。教师是课堂的核心，学生处于被动接受知识的地位，学习过程以"教"为主导；标准化评价，以考试成绩为主要评价标准，注重结果而非过程，忽视学生的个性化发展需求。

全资源育人模式：以学生为中心，关注学生的全面发展（知识、能力、情感、价值观等），强调个性化学习和终身学习能力的培养。资源整合导向，打破学科界限，将校内外的教育资源（如社会、家庭、自然环境、数字技术等）视为整体，服务于育人目标；动态适应性，根据学生需求和社会发展调整教育内容与方式，注重培养创新能力和实践能力。

在探讨教育理念的差异时，传统教育模式与全资源育人模式展现出截然不同的特点和侧重点。这些差异不仅反映了教育观念的演变，也体现了社会对人才需求的变化。

传统教育模式的核心是以学科为中心，这种模式强调知识传授的系统性和标准化。在传统课堂上，教师依据预先设定的课程大纲和教材，按照既定的顺序和进度，系统地向学生传授学科知识。这种教学方式注重学科知识的完整性和逻辑性，力求让学生构建起扎实的学科基础。例如在数学教学中，教师会从基础的概念和定义讲起，逐步引导学生掌握复杂的数学推理和解题技巧，确保学生对数学知识有全面而系统的理解。

与之相对的是全资源育人模式，这种模式以学生为中心，关注学生的全面发展。全资源育人模式不仅注重知识的传授，还强调学生能力、情感、价值观等多方面的

培养。在这种模式下，教育的目标是培养具有创新精神、实践能力和社会责任感的全面发展的人才。例如，在项目式学习中，学生需要运用科学知识进行调研，提出解决方案，并通过团队合作来实施这些方案。在这个过程中，学生不仅学到了环保相关的知识，还锻炼了他们的研究能力、团队合作能力和实践能力。

在传统教育模式中，教师在课堂上扮演着核心角色。他们是知识的传授者，学生则是被动的接受者。教师通过讲解、示范等方式，将知识传递给学生，学生则通过听讲、记笔记和完成课后作业等方式来吸收这些知识。这种教学方式以"教"为主导，学生的学习过程相对被动。

与此不同的是，全资源育人模式强调学生的主体地位。在这种模式下，教师的角色从知识的传授者转变为学习的引导者和促进者。教师通过设计富有启发性的学习活动，引导学生主动探索和学习。在探究式学习中，教师会提出一个开放性的问题，引导学生通过查阅资料、实地考察、实验等方式来寻找答案。在这个过程中，学生主动参与学习，教师则提供必要的指导和支持。

传统教育模式的另一个特点是教学内容和方法相对固定。教材是主要的教学资源，教师的教学方法也较为单一。这种模式下，教学内容往往局限于学科知识，缺乏与其他领域的联系和整合。

与此不同的是，全资源育人模式强调资源整合导向。这种模式打破学科界限，将校内外的教育资源视为一个整体。教育资源包括社会资源、家庭资源、自然环境资源、数字技术资源等。例如，教师可以组织学生到当地的自然保护区进行实地考察，让学生在真实的环境中学习和体验。同时，教师还可以利用数字技术，如虚拟现实软件，让学生在虚拟环境中探索地理现象。这种资源整合的方式为学生提供了丰富的学习体验，使学习更加生动和有趣。

相比之下，全资源育人模式具有很强的动态适应性。这种模式能够根据学生的需求和社会的发展，及时调整教育内容和方式。随着社会对环保意识的提高，学校可以及时增加环保教育的内容，通过组织环保活动、开展环保项目等方式，培养学生的环保意识和实践能力。这种动态适应性使全资源育人模式能够更好地满足学生和社会的需求，培养出适应时代发展的高素质人才。

2. 资源利用的差异

在现代教育的发展进程中，全资源育人模式与传统教育模式在资源利用方面展现出显著的差异。这些差异不仅反映了教育理念的转变，也体现了教育实践的创新。以下将从资源的种类、利用方式以及共享机制等方面，详细阐述这两种模式在资源利用上的不同特点。

传统教育模式的资源利用：在传统教育模式中，资源的种类相对单一，主要依赖于教材、课堂和教师等传统教育资源。这些资源的边界清晰且相对封闭，形成了一个较为固定的教育生态系统。教材作为知识的主要载体，按照既定的章节和顺序进行编排，教师依据教材内容进行教学，学生则通过课堂学习和课后作业来巩固知识。这种资源的使用方式较为固定，缺乏灵活性和创新性，难以满足不同学生的学习需求和兴趣。

全资源育人模式的资源利用：与传统模式相比，全资源育人模式在资源利用上展现出更为广阔和灵活的特点。

首先，资源的种类更加丰富多样，不仅包括传统的教材和课堂，还整合了社区服务、企业实践、博物馆、网络平台等多种资源，构建了一个全资源且无边界的学习场景。这种全域化的资源利用方式，打破了传统教育资源的局限，为学生提供了更为广阔的学习空间和丰富的学习体验。

其次，全资源育人模式在资源的利用方式上更加注重动态化协同。通过跨学科项目、社会实践、数字化工具等手段，实现了资源的有机融合与创造性转化。学生可以通过参与跨学科项目，将不同学科的知识和技能结合起来，解决实际问题；通过社会实践，将课堂所学应用于现实生活中，增强实践能力和创新思维；通过数字化工具，随时随地获取和分享学习资源，实现个性化学习。

全资源育人模式强调开放性共享，推动教育资源的社会化共享。学校与社会之间的双向互动，使得教育资源不再局限于校园内部，而是向社会开放，实现资源共享和优势互补。让学生在企业中进行实习和实践，了解行业动态和实际需求。校际联盟则促进了学校之间的资源共享和经验交流，提升了教育资源的利用效率和教育质量。

全资源育人模式在资源利用上与传统教育模式形成了鲜明对比。传统模式的资源单一化、静态化利用和相对封闭的特点，限制了教育资源的多样性和灵活性。而全资源育人模式通过资源全域化、动态化协同和开放性共享，不仅丰富了教育资源的种类和利用方式，还促进了教育资源的优化配置和高效利用，为培养具有创新精神和实践能力的全面发展人才提供了有力支持。

3. 育人目标的差异

在探讨教育模式的演变过程中，传统教育模式与全资源育人模式在教育目标和人才培养方向上呈现出显著的差异。这些差异不仅反映了教育理念的转变，也体现了社会对人才需求的变化。

传统教育模式：知识本位，传统教育模式以知识本位为核心，强调学生对学科内容的熟练掌握和应试能力的培养。在这种模式下，教育的主要目标是让学生掌握系统的学科知识，通过反复练习和记忆，达到对知识的熟练应用。这种模式注重知识的传授和积累，认为知识的掌握程度是衡量学生学习效果的主要标准。

传统教育模式具有工具理性导向，旨在培养适应工业化社会需求的标准化人才。这种模式注重职业能力的基础训练，强调学生在特定职业领域中的技能和知识储备。教育内容和方法相对固定，以满足工业化社会对人才的标准化需求。

全资源育人模式：与传统教育模式不同，全资源育人模式以素养本位为核心，强调学生核心素养的培养和综合能力的提升。这种模式认为，教育的目标不仅仅是知识的传授，更重要的是培养学生的批判性思维、合作能力、社会责任感等核心素养。这些素养不仅有助于学生在学术上的成功，也为他们未来的职业发展和社会生活奠定了坚实的基础。通过项目式学习，学生在解决实际问题的过程中，培养了分析问题、解决问题的能力，以及团队合作和沟通能力。

全资源育人模式具有全人发展导向，关注学生的情感、价值观、心理健康等非智力因素。这种模式认为，教育应该促进学生的全面发展，而不仅仅是知识和技能的培养。通过多样化的教育活动和资源，学生在情感、价值观、心理健康等方面得到充分的关注和发展。学校通过心理健康教育、艺术教育、体育活动等，帮助学生建立积极的情感态度和价值观，培养健康的心理素质和生活态度。

传统教育模式与全资源育人模式在教育目标和人才培养方向上存在显著差异。传统教育模式以知识本位和工具理性为导向，注重学生对学科内容的熟练掌握和应试能力的培养，旨在培养适应工业化社会需求的标准化人才。而全资源育人模式以素养本位和全人发展为导向，强调学生核心素养的培养和综合能力的提升，关注学生的情感、价值观、心理健康等非智力因素，旨在培养能够适应未来复杂社会的创新型人才。

4. 教学方法的差异

在教育领域中，教学方法的差异是传统教育模式与全资源育人模式的重要区别之一。传统教育模式主要集中在知识传授的过程，而全资源育人模式则是一种全面且综合的教育实践，它涵盖了从传统的纸质教材、数字媒体到虚拟实验室等多元化的教学资源。这种模式的核心在于利用 AI 技术对教育资源进行优化配置，以实现教学资源的最大化利用和个性化学习路径的设计。AI 技术的介入为全资源育人模式的实现提供了技术支持和实践基础。具体而言，AI 技术可以通过对学生学习行为的数据分析，为教师提供个性化的教学建议，同时也能通过智能推荐系统为学生提供最适合其学习风格和需求的学习资源。此外，AI 技术在学习过程的评估、学习效果的评价等方面也展现出其独特优势，能够帮助教师和学生更好地把握学习进度和效果，进而调整教学与学习策略。以下将从单向传授与多元互动、分科教学与跨学科整合、缺乏技术支持与充分利用技术支持等方面，详细阐述这两种模式在教学方法上的不同特点。

单向传授与多元互动：传统教育模式主要采用单向传授的教学方法，以讲授法为主。在这种模式下，教师是课堂的核心，学生通过听课、记笔记、完成作业等方式进行学习。教师按照既定的教学计划和教材内容，系统地向学生传授知识，学生则处于被动接受的地位。这种教学方法强调知识的系统性和完整性，但缺乏互动性和灵活性，难以激发学生的学习兴趣和主动性。与之相对，全资源育人模式强调多元互动的教学方法，采用探究式学习、项目式学习、翻转课堂等多种教学方式，鼓励学生主动参与和实践。在探究式学习中，学生通过提出问题、收集信息、分析数据等方式，自主探索和解决问题，培养批判性思维和创新能力。项目式学习则通过实际项目的设计和实施，让学生在解决实际问题的过程中，综合运用多学科知识和技能，提升实践能力和团队合作能力。翻转课堂则将传统的教学流程颠倒，学生在课前通过在线资源自主学习基础知识，课堂上则进行讨论、答疑和实践操作，增强学习的互动性和深度。这种多元互动的教学方法，不仅激发了学生的学习兴趣和主动性，还培养了学生的自主学习能力和创新思维。

分科教学与跨学科整合：传统教育模式采用分科教学的方式，学科之间界限分明，缺乏跨学科融合与实践应用。在这种模式下，学生主要学习单一学科的知识，难以将不同学科的知识综合运用来解决实际问题。分科教学强调学科知识的系统性和逻辑性，但忽视了学科之间的联系和交叉，限制了学生的综合素养和创新能力的培养。全资源育人模式则强调跨学科整合，通过主题式课程或实践活动，将多学科知识融入真实问题的解决过程中。学生通过跨学科的项目研究，将科学、技术、工程、艺术和数学等学科知识综合运用来解决实际问题。这种跨学科整合的教学方法，不仅拓宽了学生的知识面，还培养了学生的跨学科思维和综合应用能力。通过跨学科整合，学生能够更好地理解不同学科之间的联系和交叉，提升解决复杂问题的能力。

缺乏技术支持与充分利用技术支持：传统教育模式在教学方法上缺乏技术支持，主要依赖于教师的讲授和学生的课堂笔记。教学资源相对单一，主要以教材和课堂为主，缺乏多样性和灵活性。这种教学方法难以满足不同学生的学习需求，难以实现个性化教学。全资源育人模式则充分利用技术支持，利用大数据、人工智能等数字化工具，实现个性化学习路径设计和精准化教学。通过在线学习平台和智能教学系统，学生可以根据自己的学习进度和需求，自主选择学习内容和学习方式。教师也可以通过数据分析，了解学生的学习情况，提供个性化的指导和支持。这种充分利用技术支持的教学方法，不仅提高了教学的灵活性和多样性，还实现了教学的个性化和精准化，提升了教学效果。

综上所述，传统教育模式与全资源育人模式在教学方法上存在显著差异。传统教育模式以单向传授、分科教学和缺乏技术支持为主要特点，强调知识的系统性和标准化，但缺乏互动性和灵活性。全资源育人模式则以多元互动、跨学科整合和充分利用技术支持为主要特点，强调学生的主动参与和实践能力的培养，注重教学的个性化和精准化。这些差异不仅反映了教育理念的转变，也体现了教育实践的创新，为培养具有创新精神和实践能力的全面发展人才提供了有力支持。

二、全资源育人模式的技术优势

在当前的教育领域，全资源课程的概念正在不断发展与完善，其核心理念是通过整合多样化的教育资源，实现教育资源的优化配置和高效利用，为学生提供更丰富的学习体验。这种模式的推广与应用，不仅能够提供更加灵活多样的学习方式，还能有效促进学生主动学习和自我探索。全资源育人模式在技术层面展现出显著的优势，这些优势不仅提升了教育的效率和质量，还为学生的全面发展提供了有力支持。以下将从个性化学习路径设计、跨学科资源整合与实践应用、学习体验空间的拓展、教学管理与服务效能的提升以及教育公平与资源共享等方面，详细阐述全资源育人模式的技术优势。

1. 个性化学习路径设计

全资源育人模式利用大数据和人工智能技术，能够全面收集和分析学生的学习数据，包括学习习惯、兴趣偏好、学业成绩等。通过对这些数据的深度挖掘，系统可以为每个学生生成个性化的学习画像，精准识别学生的学习需求和薄弱环节。基于这些分析结果，系统能够为学生定制个性化的学习路径，推荐合适的学习资源和学习任务，确保学生在自己擅长的领域深入发展，同时在薄弱环节得到针对性的强化。这种个性化学习路径设计不仅提高了学生的学习效率，还激发了学生的学习兴趣和主动性，促进了学生的全面发展。

2. 跨学科资源整合与实践应用

全资源育人模式通过数字化平台，能够整合来自不同学科的教育资源，打破学科之间的界限，实现跨学科的融合。这种整合不仅包括校内的课程资源，还涵盖了校外的社会资源、企业资源和文化资源。通过跨学科的资源整合，学生可以在解决实际问题的过程中，综合运用多学科的知识和技能，培养跨学科思维和综合应用能力。学生可以通过跨学科的项目研究，将科学、技术、工程、艺术和数学等学科知识综合运用，解决实际问题。这种跨学科的实践应用，不仅拓宽了学生的知识面，还培养了学生的创新能力和实践能力。

3. 学习体验空间的拓展

全资源育人模式利用虚拟现实（VR）、增强现实（AR）等技术，为学生创造了沉浸式的学习体验。通过这些技术，学生可以身临其境地感受历史事件的发生场景、探索宇宙的奥秘、观察微观世界的结构等，极大地丰富了学习体验。此外，全资源育人模式还通过在线学习平台，打破了时间和空间的限制，使学生可以随时随地进行学习。这种学习体验空间的拓展，不仅提高了学习的灵活性和便捷性，还激发了学生的学习兴趣和主动性。

4. 教学管理与服务效能的提升

全资源育人模式通过数字化平台，实现了教学管理的智能化和高效化。学校可以利用大数据技术，对学生的学习数据进行全面分析，实时掌握学生的学习情况，及时发现和解决学生在学习过程中遇到的问题。此外，全资源育人模式还通过在线服务大厅、智慧学工、智慧教务等应用，为师生提供了便捷的服务，提高了教学管理的效率和质量。通过"学生画像"系统，学校可以实时掌握学生的思想动态，精准评估和预警各类异常行为，为管理育人提供科学依据。

5. 教育公平与资源共享

全资源育人模式通过数字化技术，扩大了优质教育资源的覆盖面，促进了教育公平。通过在线学习平台，优质教育资源可以突破时空限制，实现共建共享，使更多学生受益。这种资源共享不仅包括校内的优质课程和教学资源，还涵盖了校外的社会资源和企业资源。通过全资源育人模式，不同地区、不同背景的学生都可以享受到优质的教育资源，缩小了教育差距，促进了教育公平。

第三节　全资源育人实践现状

一、全资源育人实践的全球趋势

1. 国际教育改革的资源整合浪潮

21世纪以来，全球教育领域经历了一场深刻的范式变革——从以学科知识为核心的"工业时代教育模式"，转向以核心素养为导向的"未来教育生态"。这一转型的核心驱动力在于：知识爆炸、技术革新以及社会复杂性的加剧，使得传统封闭式、标准化的教育体系难以满足个体终身发展和社会可持续发展的需求。在这一背景下，"资源整合"成为各国教育改革的核心议题。通过打破学科壁垒、校内外边界以及虚实空间的界限，教育系统开始构建开放、协同、动态的资源网络，以培养具备跨学科思维、实践能力和全球胜任力的新一代人才。以下以芬兰、新加坡、美国为例，剖析国际教育资源整合的实践路径与创新模式。

芬兰（现象式教学与"无边界课堂"）：芬兰被誉为全球教育改革的先锋，其"现象式教学"（Phenomenon-Based Learning，PBL）是资源整合的典范。这一模式以真实世界的复杂问题为切入点，整合多学科知识、社会资源与技术工具，构建"无边界"的学习生态。

为了应对当前和未来世界的挑战，帮助学生在面向未来的世界中成功学习，芬兰国家教育委员会（Finnish National Board of Education，FNBE）于 2014 年更新了基础教育国家核心课程，将现象式教学作为芬兰未来教育的最新解决方案❶。芬兰 2016 年实施的新国家课程标准（National Core Curriculum）明确提出："学校应围绕现象和主题组织学习，而非孤立学科。"这一政策将 PBL 提升至国家战略高度，要求所有学校每年至少开展一次跨学科现象式教学项目。其目标是通过资源整合，培养学生的问题解决能力、批判性思维和协作精神。学校与地方政府、非营利组织合作，将课堂延伸至社区。芬兰教育部门开发了"Peda.net"在线平台，整合虚拟实验室、开源数据库和协作工具，支持学生跨校合作与资源共享。据芬兰教育评估中心（FINEEC）2022 年报告，PBL 显著提升了学生的跨学科应用能力（89% 的教师反馈学生合作能力增强），但也面临教师培训不足（仅 45% 教师接受过系统 PBL 培训）和评价标准模糊的挑战。

新加坡（智慧国计划与"校内外学习一体化"）： 新加坡通过"智慧国 2025"（Smart Nation 2025）战略，将教育资源整合上升为国家数字化转型的重要组成部分，构建"学校—企业—社区"三位一体的学习网络。新加坡教育部（MOE）推出"教育技术总蓝图"（EdTech Masterplan），要求所有学校接入国家数字学习平台"Student Learning Space"（SLS），并鼓励企业向学校开放实验室、数据资源和导师团队❷。淡马锡基金会资助的"STEM Inc."项目，联合科技企业（如 Dyson、HP）为中学生提供真实工程挑战项目。在"人工智能与伦理"课程中，学生可访问 Grab 公司的交通大数据平台，分析算法偏见对社会公平的影响，并与工程师共同设计优化方案。通过"社区问题解决"（Community Problem Solving）计划，学生需与居民合作，利用物联网技术改善组屋区的垃圾分类效率。新加坡科学馆开发了 AR 导览系统，学生佩戴设备后可在馆内实时获取展品背后的科学原理、历史背景及跨学科关联知识。

新加坡教育部利用 AI 分析 SLS 平台的学习行为数据，动态调整资源推荐策略。例如，系统发现某校学生在"可持续发展"主题中表现活跃后，会自动推送相关企业参访机会或国际会议直播链接。据 2023 年 MOE 统计，此类动态匹配使学生的课

---

❶ Finnish National Board of Education. National core curriculum for basic education 2014[S]. Helsinki: Finnish National Agency for Education，2016.

❷ 李文. 新加坡教育数字化转型新图景：技术塑造学习未来——基于《2030 年教育科技总体规划》分析 [J]. 比较教育研究，2024，46（12）：98-107.

外实践参与率提升了 32%。

美国（连接学习理论与开放资源生态）：美国以"连接学习"（Connected Learning）理论为指导，通过构建开放教育资源（OER）生态和多元协作网络，推动资源整合从"课堂中心"向"学习者中心"跃迁 ❶。连接学习理论由美国数字媒体与学习研究中心提出，强调"兴趣驱动、同伴互助、学术关联"三大原则。其核心是通过技术平台将学校课程、社会机构（如博物馆、图书馆）和在线社区（如 GitHub、Khan Academy）无缝连接，形成"终身学习资源链"。联邦政府资助的"GoOpen"计划，要求各州采用免费可编辑的数字化教材。加州推出的"OpenSciEd"平台，整合了 NASA（美国航空航天局）航天数据、斯坦福大学的科学实验视频和本土教师的教案库。纽约市的"Hive Learning Network"联合 90 余家机构（包括公共图书馆、科技公司等），为学生提供"数字徽章"认证的课外项目。学生完成布鲁克林博物馆的"艺术与算法"工作坊后，可凭徽章申请 MIT Media Lab（麻省理工学院媒体实验室）的暑期课程。

2. 多元合作加速资源整合进程

Knewton 等自适应学习平台通过 AI 算法，将"Coursera 大学课程"、可汗学院微视频和本地实践任务动态组合，为每位学生生成"学习资源地图"。IBM（国际商业机器公司）与公立高中合作开发"P-TECH"模式，学生通过 VR 技术进入 IBM 的云端实验室，参与真实的网络安全攻防演练，其学习成果可直接转换为大学学分。国家科学基金会（NSF）支持的"Zooniverse"平台，允许学生参与全球气候数据标注、星系分类等科研项目，其贡献被纳入正式学术论文。尽管美国在资源整合上处于领先地位，但其实践仍暴露深层矛盾：据美国教育部 2022 年报告，高收入家庭学生接触优质在线资源的比例是低收入家庭的 2.5 倍；农村学校因网络带宽不足，仅有 17% 能流畅使用 4K 虚拟实验室。

联合国教科文组织（UNESCO）、经济合作与发展组织（OECD）等国际机构通过政策倡导、标准制定和跨国合作，加速全球教育资源整合进程。UNESCO 的"开放教育资源建议书"，是 2021 年通过的全球首个 OER 国际公约，要求成员国公开公共教育资源版权，促进跨语言、跨文化共享。OECD 的"教育 2030"框架，提出

---

❶ 王竹立 . 关联主义与新建构主义：从连通到创新 [J]. 远程教育杂志，2011，29（5）：34-40.

"资源流动性指数"（Resource Mobility Index），评估各国在师资、数据、设施等方面的共享效率，推动建立跨国教育资源联盟。

欧盟的"数字教育行动计划"，拨款 90 亿欧元建设"欧洲教育云"，整合成员国的高校课程、科研数据库和文化遗产资源，支持学生一键访问卢浮宫虚拟展厅或 CERN（欧洲核子研究组织）粒子对撞实验数据❶。

3. 资源整合实践的未来

未来，资源整合将向"动态生成"和"伦理包容"的方向深化：一方面，生成式 AI 可实时创建个性化学习资源（如根据学生兴趣生成定制化案例库）；另一方面，需建立全球性资源公平治理框架，防止技术加剧教育不平等。AI 的广泛应用将极大地提升教学质量和效率。通过大数据分析，AI 能够精准地识别每个学生的学习习惯、能力水平和兴趣点，从而为他们定制个性化的学习计划和资源。这种"动态生成"的教学方式，不仅能够提高学习的针对性和有效性，还能极大地激发学生的学习兴趣和主动性。

国际教育资源整合浪潮的本质，是对工业化教育范式的系统性颠覆。无论是芬兰的"无边界课堂"、新加坡的"智慧学习生态"，还是美国的"连接学习网络"，均指向一个共同愿景：通过开放、协同、智能的资源网络，赋予每个学习者应对不确定未来的能力。这一进程中，技术既是催化剂，也是双刃剑——唯有坚持"以人为本"的价值导向，方能在资源整合中实现教育的真正革新。

二、中国全资源育人实践的现状与特征

全资源育人实践是近年来中国教育改革的重要方向，其核心目标是通过系统性整合各类教育资源，构建全方位、多层次、跨领域的协同育人机制。以下从多个维度对当前的发展现状与结构性特征进行阐述。

1. 顶层设计的整合逻辑

国家层面通过《教育信息化 2.0 行动计划》建立的三全两高一大体系，构建了

---

❶ European Commission. Guidelines for teachers: Tackling disinformation and promoting digital literacy [EB/OL].（2022-10-14）[2025-5-6]. https://education.ec.europa.eu/news/guidelines-for-teachers-tackling-disinformation-and-promoting-digital-literacy.

"中央—省—市—县—校"五级联动的数字资源治理架构，形成包含 8000 余万条标准化资源的国家基础教育资源库❶。引入"平台＋教育"服务模式，前者构建互联网＋教育大平台的技术基础设施，后者重构教育服务供给结构。政策体系打破传统教育资源的行政边界，建立以教育部门与文旅、科技、企业等为主体的协同框架，推动形成"政府主导—市场补充—社会参与"的资源配置模式。围绕采取准入评估＋动态淘汰制度，年均更新率超 15%，确保资源库内容与国家课程改革保持同步。配备智能审核系统，实现 93% 的资源自动合规审查。

2. 跨域资源的融合创新

在政策引导下，教育资源呈现虚实共生特征。物理空间的博物馆、科技馆等社会场所通过数字化改造成为教学场景延伸，虚拟空间的 AI 实验室、云端课程则反向赋能实体教育空间。这种双向融合催生出社会大课堂新形态，使知识传授从单向灌输转向多维建构。不仅打破了传统教育的空间和时间限制，更为学生提供了更为广阔的学习空间。通过 AR 技术，学生可以在家中通过智能设备参观虚拟博物馆，不仅可以近距离欣赏到世界各地的文物，而且还能通过互动学习了解其背后的历史文化。

3. 区域差异化发展模式

东部发达地区依托数字技术优势，形成"智能中枢＋生态网络"架构，通过教育大数据平台实现资源动态匹配与精准供给。中西部则侧重"通道建设＋资源输送"，利用 5G 专网、卫星通信等技术建立资源流通管道，重点解决优质教育资源可达性问题。不同区域结合本土文化特征进行资源转化，沿海经济带将企业创新资源转化为 STEM❷ 教育载体，民族地区将非遗传承纳入劳动教育体系，资源开发呈现在地性特征。这种差异化路径既保持国家育人目标的统一性，又尊重区域文化的多样性。

4. 技术赋能的资源活化范式

数字孪生技术的场景重构扩展现实（XR）技术，创造虚实融合的学习场域，使

---

❶ 谢幼如，黎佳，邱艺，等.教育信息化2.0时代智慧校园建设与研究新发展[J].中国电化教育，2019（5）：63-69.

❷ 科学、技术、工程、数学四门学科英文首字母的缩写。

工业生产现场、自然生态系统等传统难以进入的教育空间实现云端在场。多模态交互技术突破时空限制，推动教育资源从静态储备向动态生成转变。利用多模态 AI 驱动的资源增值效应、教育大数据的深度应用实现资源价值的二次挖掘：学情分析算法识别个体认知特征，知识图谱技术解构资源要素，智能推荐系统完成个性化资源重组。这种数据驱动的资源进化机制，使教育资源库具备自我更新能力。

5. 全资源育人的演进特征

主体关系的网络化重构使得资源供给方从单一教育机构转向多元主体协同，教师角色从资源使用者转变为资源策展人，学生从被动接收者升级为资源共创者，形成去中心化的资源网络生态。育人效能的乘数效应通过技术集成与机制创新呈现，使教育资源产生一加一大于二的协同价值。社会场馆的实体资源经教育化改造后获得教学增值，学校课程资源通过社会化应用实现价值外溢，形成教育与社会发展的良性互动。

当前实践仍面临资源转化标准缺失、协同机制长效性不足等挑战，但已显现出突破传统教育边界、重构育人生态的变革潜力。未来发展方向将聚焦于建立资源质量认证体系、完善多元主体利益共享机制、深化人工智能与全资源育人的深度融合等方面。

第四节 全资源育人的瓶颈与突破

全资源育人模式作为一种创新的教育理念，旨在通过整合学校、家庭、社会、自然、网络等多维资源，形成协同育人生态，促进学生全面发展。然而，在实践过程中，这一模式仍面临诸多挑战与瓶颈，需要深入分析并提出有效应对策略。

一、全资源育人的核心挑战

1. 资源整合机制的缺失

顶层设计不足：在当前的社会发展背景下，我们面临着一个显著的问题，那就是顶层设计的不足。这种不足主要体现在跨部门协同机制的缺失，导致教育、文化、科技等领域的资源分散，缺乏统筹规划。

以乡村学校与当地非遗资源的对接为例，这在许多地方都成为一个难题。在理想的情况下，我们希望乡村学校能够充分利用当地的非遗资源，通过这种方式，不仅可以丰富学校的教育内容，同时也能为当地的非遗保护工作贡献力量。然而，实际情况却因为行政壁垒的存在，这项工作难以推进。

行政壁垒的存在，使得各部门之间的协同工作变得困难。教育部门可能希望通过利用当地的非遗资源来丰富学校的教育内容，而文化遗产部门可能希望通过学校来推广和保护自己的非遗资源。这就需要一个有效的跨部门协同机制来协调这两方面的需求。然而，目前我们还没有建立起这样的跨部门协同机制，这就导致了各部门之间的资源分散，缺乏统筹规划。这种情况下，乡村学校与当地非遗资源的对接工作就难以推进。

因此，我们需要建立起跨部门协同机制，通过这个机制，我们可以有效地整合各部门的资源，进行统筹规划，以解决像乡村学校与当地非遗资源对接这样的问题。只有这样，才能真正推动社会的发展，实现我们的发展目标。

信息共享平台缺位：在当前的信息共享生态系统中，一个关键的缺陷显现为缺乏有效的平台来促进知识和资源的流通。这种情况导致了资源分配的透明度极低，进而造成了供需双方匹配的难度增加。具体来说，这种情形被形象地描述为"资源孤岛"现象，即大量的资源和信息被隔离在各自独立的"岛屿"中，彼此之间缺乏有效的连接和沟通。这种现象不仅阻碍了资源的有效配置，也限制了知识的自由流动和创新的发展。

2. 资源分配的结构性失衡

城乡资源密度差异：根据《中国教育统计年鉴 2022》，北上广深等一线城市每万名学生拥有校外实践基地 4.2 个，而西部省份仅为 0.7 个。这一差距不仅体现为物理空间的资源密度差异，更折射出教育资源分配的深层权力逻辑。以贵州省为例，其国家级研学实践教育基地数量（3 个）仅为北京市（27 个）的 1/9，但中小学生人数却是北京的 2.3 倍。中国教育资源的空间分布印证了这一论断：教育行政部门优先在经济发达地区设置科技馆、博物馆等"高价值资源"，形成了"中心—边缘格局"；全国 63% 的省级科技馆集中在东部沿海省份；商业机构通过 PPP（公私合营）模式参与城市教育综合体建设，而农村地区因缺乏投资吸引力，被迫依赖政府基础性供给；2021 年民办校外实践基地中，89% 位于城市（《中国民办教育发展报告》数据）；西部农村学生年均参与校外实践次数（0.8 次）仅为城市学生（4.5 次）的 17.8%（中国教育追踪调查数据），导致经验性知识积累断层❶。

校际资源获取的马太效应。 通过对长三角地区 50 所中学的追踪研究发现名校的"暗箱操作"：省重点中学通过校友会获取企业实验室使用权限的概率（67%）是普通学校的 11 倍（6%）；某 985 大学附属中学与 32 家高科技企业签订"独家合作备忘录"，限制其他学校接触前沿技术资源；名校校友担任企业高管后，通过"校企合作"名义为母校输送资源，形成封闭式资源循环系统；深圳某重点中学近五年获得企业捐赠实验室价值超 2.3 亿元，其中 87% 来自校友关联企业；名校以"创新人才培养"为名独占稀缺资源，实质是通过资格认证体系（如竞赛奖项）将资源优势转化为升学特权；2022 年全国信息学奥赛获奖者中，85% 来自拥有专属编程实验室的学校。

数字鸿沟的隐性排斥： 教育部《2021 教育信息化报告》显示农村家庭智能终端（含平板电脑、VR 设备）渗透率仅为 38.5%，且 67% 的设备性能无法满足教学软件需求。仅 12% 的农村教师能熟练操作 VR 教学系统，导致设备闲置率高达 58%。地方政府为完成"教育信息化 2.0"考核指标，批量采购 VR 眼镜等设备，却忽视了教师培训和内容适配度。教育科技公司优先开发城市学校定制化产品（如元宇宙课堂），农村学校只能获得标准化模板，导致技术应用的形式化。农村学生因缺乏 VR 沉浸式学习体验，在空间想象能力测试中得分比城市学生低 29%（华东师范大学 2022 年测评数据）。持续的技术挫败感使 62% 的农村学生产生"数字自卑心理"，主动放弃在线竞赛等发展机会（中国青少年研究中心调查数据）。

3. 协同育人能力不足

教师资源整合素养不足： 跨学科能力的结构性断层，华东师范大学 2022 年针对全国 15 省教师群体的调研显示，仅 29% 的教师能够独立设计并实施跨学科实践课程，且其中仅 7% 的课程达到"有效整合三类以上资源"的标准。这一数据折射出教师群体面临的三重能力困境。师范教育过度强调学科本位，导致 86% 的教师缺乏

---

❶ 王婧妍，赵群，冒荣.高等教育的高质量发展与人力资源分布的区域均衡[J].江苏高教，2024（9）：1-10.

STEAM（科学、技术、工程、艺术、数学）整合能力（OECD《教师教学国际调查2022》）。尽管 92% 的学校配备数字教学设备，但教师主要将其用于课件播放（占比67%），而非资源挖掘与重组。仅 13% 的教师常态化参与校外机构联合教研，资源获取渠道局限于教育系统内部（中国教育科学研究院数据）。

家庭、企业参与异化：中国青少年研究中心 2023 年调查显示，72% 的家长要求子女参与社区服务仅为获取"社会实践证明"，其中 64% 通过中介机构购买虚假经历。北京市某重点中学要求学生累计志愿服务 100 小时，催生"志愿黄牛"产业链，单次活动标价高达 500 元每小时。社区服务从"公民责任感培育"异化为"升学筹码积累"，参与动机完全服从于绩效竞争逻辑。亲子互动简化为"资源争夺战"，家长通过购买高端研学项目、竞赛辅导等"教育军备竞赛"确保阶层优势。某互联网巨头"AI 助学计划"中，72% 的资金用于企业品牌宣传，仅有 28% 投入课程开发。企业要求教育项目提升 ROI（投资回报率），而学校关注学生素养发展，二者评估体系无法兼容。针对此问题，可以建立教育部门、企业与第三方评估机构组成的"三角治理模型"，如德国"双元制"职业教育中行业标准与教学大纲的深度耦合，也可以在制度上对实质性教育投入企业给予税收抵免。

4. 评价体系的不适配

单一化评价导向：在当前的教育评估体系中，升学率继续作为一个核心的评价指标，其对教育成果的评估起着至关重要的作用。然而，尽管升学率提供了一种量化的成功标准，它却往往忽视了教育资源在培养学生的隐性价值方面所发挥的作用，以及创新能力和社会责任感等非认知技能的培养。这些隐性价值虽然对学生的全面发展至关重要，但在现行的评价体系中却难以被量化和评估。因此，我们需要重新审视评价标准，以更全面地考量教育的多维度影响，并相应地调整我们对教育成果的评估方法。

动态监测工具匮乏：我们面临着一个显著的挑战——动态监测工具的缺乏。这些工具的缺失不仅影响了我们对资源使用效率的评估，而且也削弱了我们对学生成长过程中各种因素关联性的追踪评估能力。因此，我们需要建立一个更为完善的追踪评估体系，以便更准确地衡量和提升教学资源的使用效率，并且更全面地理解学生的成长轨迹及其与教学活动之间的关联性。

激励机制滞后：我们不得不关注一个现象，即激励机制的滞后。具体来说，当教育机构为了资源整合而实施更多的行政措施时，这些新的管理流程往往未能及时地反映在教师的绩效考核体系中。这种情况导致了一个悖论——尽管管理层面的努力可能旨在提升学校的整体运营效率，但如果这些努力的成果不能在教师的激励机制中得到体现，就可能产生相反的效果。教师可能会感受到他们的工作负担并未因此而得到合理的补偿或认可，从而导致他们的工作积极性受到抑制。这种激励机制的滞后不仅影响了教师的工作热情，也可能对学校的教学质量和整体氛围产生长远的影响。因此，为了确保教育机构能够有效地实施资源整合并从中受益，同时又能保持教师队伍的积极性和动力，必须对现有的激励机制进行及时的调整和优化。

二、突破瓶颈的应对策略

1. 空间资源分配的公平性重构

建立教育资源"负面清单"制度，限制发达地区过度集聚，通过"飞地经济模式"在西部建设跨区域实践基地群。立法规定企业实验室必须预留 30% 开放额度给普通学校，切断名校的"封闭式资源循环链"。推行"数字教育券"制度，允许农村家庭凭券兑换定制化技术服务，破除技术供给的"城市中心主义"。为破解全资源育人瓶颈提供兼具学理深度与实践指向的政策启示。

2. 全资源整合机制的体系化建设

智能共享平台构建：搭建基于云计算的多模态 AI 资源整合平台，集成图像识别、语音识别等技术，将非遗资源、企业实践资源等转化为可搜索、可推荐的数字内容。

实现动态供需匹配：学校发布课程需求，企业提供实践资源，平台通过大数据分析智能推荐资源，避免"资源孤岛"。

资源匹配算法优化：开发 AI 驱动的资源匹配引擎，根据教学需求与学生兴趣精准推送资源。例如，自动识别非遗图像与文字信息，结合课程目标生成跨学科教学方案。利用区块链技术记录资源使用路径，确保资源流动透明可追溯。

3. 调节资源分配的结构性失衡

缩小城乡资源密度差异：实施教育资源均衡发展计划，加大对农村和偏远地区教育资源的投入。利用多模态 AI 的数据分析和预测能力，精准评估城乡教育资源需求。通过分析学生的学习行为、家庭背景等多维度数据，预测城乡地区教育资源的需求缺口。利用 AI 大数据分析可以优化资源分配方案，如根据农村地区学生的特点和需求，推荐合适的在线课程、虚拟实验室等数字资源，缩小城乡资源差距。

建立校际资源共享机制：建立校际资源共享机制，促进优质教育资源共享。名校可与普通学校结成帮扶对子，通过共享课程资源、开展教师交流等方式，帮助普通学校提升教育质量。同时，教育部门可制定政策，对名校的资源独占行为进行限制，要求名校在一定范围内开放共享资源。构建校际资源交流平台，利用 AI 算法匹配学校之间的资源需求和供给。对于名校独占的稀缺资源，AI 可以分析资源的使用情况和效果，为普通学校提供替代方案或合作共享的建议，打破名校的封闭式资源循环链。

普及数字教育：实施数字教育普及计划，提高农村家庭智能终端普及率。针对农村家庭智能终端性能不足的问题，开发轻量化、低配置要求的教育资源应用。同时，通过 AI 的智能辅导功能，为农村学生提供个性化的学习支持，提高他们对数字资源的利用能力，缩小与城市学生的数字鸿沟。

4. 培养协同育人能力

提升教师资源整合素养：开展教师全资源育人培训，提升教师资源整合能力。尤其是对于如多模态 AI 等新技术方面，为教师提供定制化的资源整合培训。通过分析教师的教学风格、学科需求等，为教师推荐合适的资源整合课程和案例。同时，AI 可以辅助教师进行跨学科课程设计，提供教学资源的智能推荐和组合方案，以提升教师的资源整合能力。

增强家庭、企业的意识：加强家庭和企业的育人责任意识，引导其正确参与育人过程。学校可通过家长会、社区讲座等形式，向家长宣传全资源育人理念和方法，提高家长对教育资源的认识和利用能力。对于企业，政府可制定政策，鼓励企业参与教育公益事业，如提供实习岗位、捐赠教育资源等，同时加强对企业参与教育的监管，防止其将商业利益置于教育公益之上。借助多模态 AI 的智能辅导和监测功能，引导家庭和企业正确参与育人过程。AI 可以为家长提供正确的教育理念和参与方式指导，通过智能监测学生的参与过程和收获，为家长提供反馈和建议。对于企业参与教育异化的问题，AI 可以分析企业的教育资源投入和教育效果，为企业提供精准的教育项目建议和评估报告，促进企业实质性地参与教育。

数字媒体专业群的学科特征、人才培养现状与创新路径

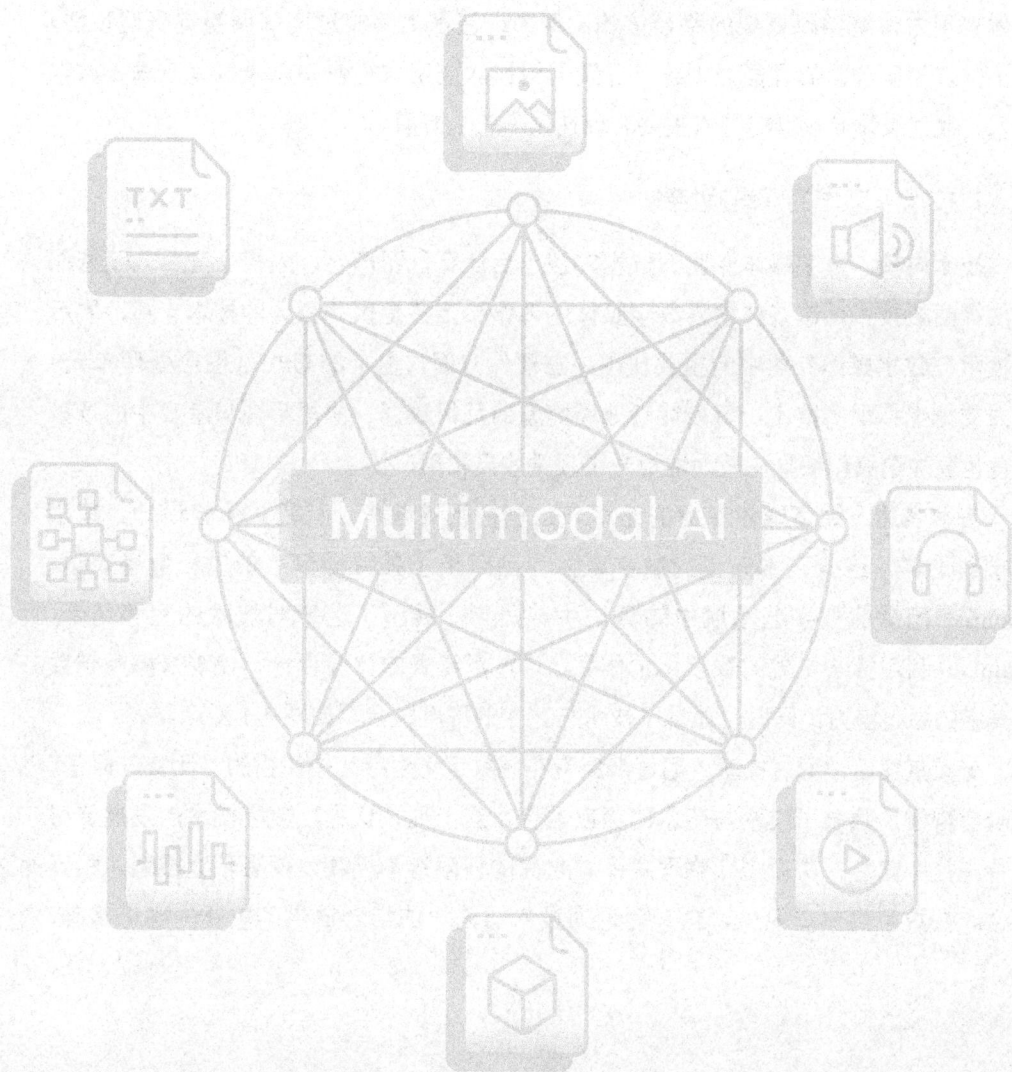

第一节　数字媒体专业群的学科特征与演进

一、学科交叉性的三重维度

在数字化转型加速的背景下，数字媒体专业群的学科建构与人才培养面临多维度的交叉性挑战与改革诉求。作为艺术学、计算机科学、传播学等多学科交叉融合的新兴领域，数字媒体专业群承担着培育复合型创新人才的核心使命，但其发展进程仍受制于结构性矛盾。当前，高等教育机构普遍存在课程体系整合度不足的问题，具体表现为传统学科框架的路径依赖，例如：艺术类院校过度强调视觉表现技法，理工类院校则侧重编程能力训练，导致前沿技术应用与行业动态未能有效融入教学体系。数字媒体专业群的特点主要表现在以下三个方面。

1. 技术－艺术的双螺旋结构

技术内核：数字媒体专业的技术内核包括计算机图形学、人机交互、人工智能算法等硬核技术。这些技术为数字媒体的创作和传播提供了强大的技术支撑，展示了技术在数字媒体专业中的重要作用。在硬件方面，显卡的 GPU（图形处理单元）算力支撑虚拟现实技术，每秒能够处理海量的几何数据，使得影视与游戏中的场景和角色更加逼真和细腻，极大地提升了视觉效果和用户体验。

艺术表达：数字媒体专业的艺术表达包括视觉叙事、沉浸式体验设计、数字美学理论等。这些艺术元素为数字媒体作品赋予了独特的审美价值和情感表达。TeamLab 团队的数字艺术展中的算法生成美学，展示了艺术与技术的完美结合。TeamLab 利用算法生成的数字艺术作品，通过沉浸式的体验设计，让观众感受到数字美学的独特魅力，同时也体现了技术与艺术的深度融合，如图 3-1 所示。

交叉点理论：尼古拉斯·尼葛洛庞帝在《数字化生存》中提出的"比特与原子"的融合哲学，强调了技术与艺术的深度融合。这一理论认为，数字技术的发展使得比特（数字信息）与原子（物理实体）之间的界限逐渐模糊，两者相互渗透、相互融合。在数字媒体专业中，这一理论为技术与艺术的结合提供了重要的理论基础，

图 3-1　TeamLab 数字艺术作品《无穷无尽的水晶宇宙》

推动了数字媒体作品的创新和发展❶。

2. 文、理、工的三元渗透

文学叙事：文学叙事在数字媒体专业中扮演着重要的角色。交互剧本设计通过文字和故事的构建，为数字媒体作品提供了丰富的情感和文化内涵。文学叙事不仅能够增强作品的吸引力，还能够引导观众的情感体验，提升作品的艺术价值。

数学建模：数学建模在数字媒体专业中同样不可或缺。如影视作品中大量的 CG（电脑图像）镜头，通过流体动力学模拟数学模型的构建，为数字媒体作品提供了逼真的物理效果。数学建模不仅能够提升作品的技术含量，还能够增强作品的真实感和可信度。

工程实现：工程实现是数字媒体专业的基础。AR 硬件开发通过工程技术的应用，为数字媒体作品提供了实际的运行平台。工程实现不仅能够确保作品的可行性，还能够提升作品的用户体验和市场竞争力。

清华大学的"数字媒体创新实验班"课程结构充分体现了"文、理、工"的三

---

❶ 胡泳. 尼葛洛庞帝之叹——打造"互联网公地"的探索 [J]. 新闻记者，2017（1）：56-59.

元渗透。计算机课程占 40%，艺术设计占 30%，人文社科占 30%。这种课程设置不仅为学生提供了全面的知识体系，还培养了学生的跨学科思维和综合能力。通过这种三元渗透的课程结构，学生能够在数字媒体领域中发挥更大的潜力，创造出更具创新性和影响力的作品。

3. 虚拟现实的超域联结

区块链技术：区块链技术在数字媒体专业中具有重要的应用价值。所有权认证通过区块链技术的应用，为数字媒体作品提供了可靠的版权保护。区块链技术不仅能够确保作品的版权归属，还能够提升作品的市场价值和交易安全性。

神经科学：神经科学在数字媒体专业中同样具有重要的作用。脑机接口交互通过神经科学的研究，为数字媒体作品提供了全新的交互方式。脑机接口技术不仅能够提升作品的用户体验，还能够推动数字媒体作品的创新和发展。

社会学：社会学在数字媒体专业中也具有重要的意义。虚拟社群规则设计通过社会学的研究，为数字媒体作品提供了良好的社会环境。社会学的应用不仅能够提升作品的社会价值，还能够增强作品的社会影响力和传播效果。

元宇宙场景构建中的跨学科需求：元宇宙场景构建需要跨学科的合作。区块链技术用于所有权认证，确保数字资产的归属和交易安全；神经科学用于脑机接口交互，提升用户体验和交互效果；社会学用于虚拟社群规则设计，营造良好的社会环境和社区氛围。这些跨学科的合作为元宇宙场景的构建提供了坚实的基础，推动了数字媒体专业的发展和创新。

二、数字媒体专业演进的四个阶段

1. 数字化时代（1990 年代）

技术标志：Photoshop/ 非线性编辑 /3ds Max/Maya

学科形态：工具应用导向

代表性成果：《狮子王》《花木兰》《玩具总动员》（首部 3D 动画，如图 3-2 所示）

在 20 世纪 90 年代，随着计算机技术的逐渐普及，数字媒体专业迎来了数字化阶段。这一时期，Photoshop 等图像处理软件以及非线性编辑技术成为标志性技术。Photoshop 的出现，彻底改变了图像的处理方式，让设计师能够在计算机上对图像进

图3-2　代表作品海报

行各种创意性的编辑和合成。非线性编辑技术则打破了传统线性编辑的限制，使得视频编辑更加灵活、高效，创作者可以自由地剪辑、拼接视频片段，极大地提高了影视制作的效率，拓展了创意空间。

这一阶段的学科形态以工具应用导向为主，数字媒体专业主要聚焦于如何利用这些新兴的数字化工具进行内容创作。创作者们致力于掌握这些工具的使用技巧，将传统的媒体内容转化为数字形式，并进行初步的创意加工。

代表性成果《玩具总动员》作为首部3D动画，具有里程碑意义。它标志着数字技术在动画制作领域的成功应用，展示了数字化工具在创造虚拟世界和生动角色方面的巨大潜力，为后续数字动画产业的蓬勃发展奠定了基础。

2. 网络化时代（2000年代）

技术标志：Flash/HTML5

学科形态：内容传播导向

代表性成果：YouTube UGC 生态

进入2000年代，随着互联网的普及，数字媒体专业的发展进入了网络化阶段。Flash 和 HTML5 技术的出现，使得数字媒体内容的传播更加便捷和广泛。这一时期的数字媒体专业主要关注如何通过网络平台进行内容的传播和分享。YouTube 作为全球最大的视频分享平台，催生了用户生成内容（UGC）的生态，极大地丰富了数字媒体的内容和形式。这一时期的数字媒体专业教育开始注重培养学生的内容创作和传播能力，以适应网络化的发展趋势。

Flash 以其强大的动画制作和交互功能，成为网页动画、网络广告以及小游戏开发的重要工具。HTML5 则为网页提供了丰富的多媒体支持，使得网页能够展示视频、音频等多种媒体内容，推动了网络内容的多样化发展。

学科形态转变为内容传播导向。随着互联网的普及，数字媒体关注的重点从单纯的内容创作转向如何更有效地在网络上传播内容。创作者们开始关注如何利用网络平台，将自己的作品推向更广泛的受众群体。

YouTube UGC（用户生成内容）生态的兴起是这一阶段的代表性成果。YouTube平台允许用户上传、分享自己创作的视频内容，激发了广大用户的创作热情，形成了一个庞大的用户生成内容社区。这不仅改变了媒体内容的传播模式，也催生了一批以网络视频创作和传播为生的新兴职业，如视频博主等。

3. 智能化时代（2010 年代）

技术标志：深度学习 /GPU 渲染

学科形态：算法驱动导向

代表性成果：DeepDream 艺术生成，皮克斯 3D 动画技术

2010 年代，随着人工智能技术的快速发展，数字媒体专业进入了智能化阶段。深度学习和 GPU 渲染技术的出现，使得数字媒体的创作和处理更加智能化和高效。这一时期的数字媒体专业主要关注如何利用算法和智能技术进行内容的生成和优化。DeepDream 作为一种基于深度学习的艺术生成工具，展示了人工智能在数字媒体创作中的巨大潜力。这一时期的数字媒体专业教育开始注重培养学生的算法思维和智能技术应用能力，以适应智能化的发展趋势。

2010 年以来，深度学习技术取得重大突破，GPU 渲染技术也得到广泛应用，数字媒体专业步入智能化阶段。

深度学习算法使得计算机能够自动学习数据中的模式和规律，在图像识别、语音识别、自然语言处理等领域取得了惊人的成果。GPU 渲染技术则利用图形处理器的强大计算能力，大幅提高了渲染速度，使得高质量的实时渲染成为可能。

学科形态呈现算法驱动导向，数字媒体创作开始依赖各种智能算法。在图像和视频处理中，深度学习算法可以实现图像风格迁移、视频内容分析等功能；在游戏

开发中，智能算法可以实现更智能的游戏角色行为和更逼真的游戏场景模拟。

DeepDream 艺术生成是这一阶段的典型代表成果。它利用深度学习算法对图像进行处理，生成具有奇幻风格的艺术作品，展示了人工智能在艺术创作领域的巨大潜力，引发了人们对数字媒体智能化创作的广泛关注和探索。

4. 多模态融合时代（2020 年代）

技术标志：GPT-4/ 神经辐射场

学科形态：认知交互导向

代表性成果：ChatGPT 多模态插件系统，Midjourney，Stable Diffusion

进入 2020 年代，数字媒体专业的发展进入了多模态融合阶段。GPT-4 和神经辐射场技术的出现，使得数字媒体的创作和交互更加多元化和智能化。这一时期的数字媒体专业主要关注如何通过多模态技术进行内容的生成和交互。ChatGPT 多模态插件系统、Midjourney、Stable Diffusion 等技术展示了多模态技术在数字媒体中的巨大潜力。这一时期的数字媒体专业教育开始注重培养学生的多模态思维和认知交互能力，以适应多模态融合的发展趋势。近年来，以 GPT-4 为代表的大型语言模型和神经辐射场等技术的出现，推动数字媒体专业进入多模态融合阶段。

GPT-4 具有强大的语言理解和生成能力，能够与用户进行自然流畅的对话，并生成高质量的文本内容。神经辐射场则可以高效地表示和渲染复杂的三维场景，实现高质量的虚拟场景重建和实时渲染。

学科形态以认知交互导向为主，强调不同模态信息（如图像、语音、文本等）之间的融合与交互，以及人与数字媒体内容之间更自然、智能的交互方式。例如，用户可以通过语音、手势等多种方式与数字媒体作品进行互动，数字媒体系统能够根据用户的行为和反馈提供个性化的内容体验。

ChatGPT 多模态插件系统是这一阶段的代表性成果。它展示了如何将语言模型与其他模态的信息进行整合，实现更加智能、多样化的交互功能。用户可以通过文本输入与 ChatGPT 进行交流，同时结合图像、音频等多模态信息，获得更加丰富和全面的服务和体验。

数字媒体专业学科演进的这四个阶段中，每个阶段都有其独特的技术标志、学科形态和代表性成果。从数字化阶段的工具应用，到网络化阶段的内容传播，再到智能化阶段的算法驱动，直至如今多模态融合阶段的认知交互，数字媒体专业不断发展创新，为人们带来了越来越丰富、便捷的数字媒体体验，也为未来的数字媒体发展奠定了坚实的基础。

数字媒体专业的学科演进经历了从工具应用导向到内容传播导向，再到算法驱动导向和认知交互导向的四个阶段（表 3-1）。每个阶段的技术标志、学科形态和代表性成果都反映了数字媒体专业的发展轨迹和趋势。未来，随着技术的不断进步，数字媒体专业将继续朝着更加智能化和多模态融合的方向发展。

表 3-1　数字媒体专业演进四阶段

阶段	技术标志	学科形态	代表性成果
1.0 数字化（1990 年代）	Photoshop/ 非线性编辑	工具应用导向	《狮子王》《花木兰》《玩具总动员》
2.0 网络化（2000 年代）	Flash/HTML5	内容传播导向	YouTube UGC 生态
3.0 智能化（2010 年代）	深度学习 /GPU 渲染	算法驱动导向	DeepDream 艺术生成
4.0 多模态融合（2020 年代）	GPT-4/ 神经辐射场	认知交互导向	ChatGPT 多模态插件系统

第二节　数字媒体人才培养的现状与困境

一、全球数字媒体产业人才培养模式比较

1. 美国：产业需求倒逼式教育体系

在美国，数字媒体人才培养主要呈现出产业需求倒逼式的教育体系特征。这种模式的核心在于教育内容和方向紧密围绕产业的实际需求进行调整和优化，以确保培养出的人才能够迅速适应并满足行业发展的需要。

美国的数字媒体教育体系高度强调实践性和应用性。高校与企业之间建立了紧密的合作关系，美国数字媒体教育遵循产业需求、课程开发、人才输出的闭环逻辑，通过产学研结合的方式，共同制定培养方案、开发课程内容，并提供实习实训机会。以卡内基梅隆大学的娱乐技术中心（ETC）为例，其 87% 的课程项目由迪士尼等企

业直接资助，形成"项目即课程"的实战化培养范式。该中心由大学与迪士尼、微软等知名企业联合创办，旨在培养具备跨学科背景的数字媒体人才。学生在这里不仅能够接触到最前沿的理论知识，还能参与到实际的项目开发中，为迪士尼乐园设计互动体验项目等。这种紧密的校企合作模式使得学生在学习过程中就能够积累丰富的实践经验，毕业后能够迅速融入产业环境，为行业发展贡献力量。

此外，美国的数字媒体教育还注重跨学科的融合。课程设置涵盖了计算机科学、艺术设计、传媒等多个领域，鼓励学生根据自己的兴趣和职业规划选择不同的专业方向。南加州大学的电影艺术学院开设了包括电影制作、动画设计、互动媒体等多个专业方向的课程，学生可以根据自己的兴趣选择不同的课程组合，培养自己的跨学科能力。这种跨学科的教育模式有助于培养学生的创新思维和综合素养，使他们能够更好地适应数字媒体行业多元化的发展需求[1]。

然而，这种产业需求倒逼式的教育体系也存在一定的问题。过度强调实践性和应用性，可能导致人文素养教育的相对薄弱。学生在追求技术技能提升的同时，可能会忽视对人文社科知识的学习，从而影响其综合素质的发展。一些数字媒体专业的学生虽然在技术方面表现出色，但在文化内涵和艺术修养方面相对欠缺，这在一定程度上限制了他们在行业中的长远发展。

2. 欧洲：人文科技平衡范式探索

与美国的产业需求倒逼式教育体系不同，欧洲的数字媒体人才培养更注重人文科技的平衡发展。这种模式强调在培养学生技术能力的同时，也要注重其人文素养和艺术修养的提升，以培养出既具备技术实力又具有文化内涵的复合型人才。

在欧洲，许多高校的数字媒体专业课程设置都体现了人文科技平衡的理念。英国皇家艺术学院（RCA）的数字媒体专业课程将海德格尔技术哲学、弗洛里迪信息伦理学纳入必修课程体系，形成"技术、人文、社会"三角评估模型[2]。不仅包括技术类课程，如计算机图形学、编程等，还涵盖了大量的人文社科课程，如数字伦理学、科技史批判等。这些课程的设置旨在引导学生思考技术与社会、文化之间的关系，培养他们的批判性思维和人文关怀精神。通过学习这些课程，学生不仅能够掌

---

❶ 肖永亮. 美国的数字媒体学科发展 [J]. 计算机教育，2006（5）：47-50.
❷ 张美娟，张琪，陈聪. 欧洲数字传媒专业研究生教育调查分析 [J]. 出版科学，2016，24（5）：72-77.

握先进的技术手段，还能够理解技术背后的社会和文化意义，从而在未来的创作中更好地平衡技术与人文的关系。

欧洲的数字媒体教育还注重培养学生的创新能力和艺术表达能力。德国的一些高校会组织学生参与各种艺术展览和创意工作坊，鼓励他们在实践中探索数字媒体的创新应用。这些活动不仅为学生提供了展示自己创意的平台，还促进了不同文化背景的学生之间的交流与合作，培养了他们的国际视野和跨文化交流能力。

然而，这种人文科技平衡范式的探索也面临一些挑战。过于注重人文素养的培养，可能导致技术应用能力的相对薄弱。学生在学习过程中可能会花费大量时间在人文社科课程上，从而影响了对技术技能的深入学习和实践。

3. 亚洲：政府主导的追赶战略实践

在亚洲，数字媒体人才培养主要呈现出政府主导的追赶战略实践特征。这种模式的核心在于政府通过政策引导和资源投入，推动数字媒体教育的发展，以缩小与发达国家之间的差距，提升本国在数字媒体领域的竞争力。

亚洲许多国家的政府都高度重视数字媒体产业的发展，将其视为推动经济转型升级的重要力量。韩国政府推出了"数字媒体产业发展计划"，旨在通过政策支持和资金投入，培养一批具有国际竞争力的数字媒体企业。在教育领域，韩国政府鼓励高校开设数字媒体相关专业，并提供大量的奖学金和研究经费，吸引优秀学生投身数字媒体领域。同时，政府还积极推动校企合作，为学生提供实习实训机会，帮助他们积累实践经验。

此外，亚洲的数字媒体教育还注重国际化发展。许多高校与国际知名院校开展合作办学项目，引进国外先进的教育理念和课程体系，提升本国数字媒体教育的水平。新加坡国立大学与美国的斯坦福大学合作，开设了与数字媒体相关的双学位课程，学生可以在两校之间进行交流学习，获得国际化的教育体验。

然而，这种政府主导的追赶战略实践也存在一定的问题。政府在资源配置和政策制定方面占据主导地位，可能导致市场机制的相对不足。教育内容和方向可能过于依赖政府的规划，而忽视了产业实际需求的变化。一些高校在开设数字媒体专业时，可能更多地考虑政府的政策导向，而忽视了市场需求，导致培养出的学生与行业实际需求之间存在一定的脱节。

二、中国数字媒体人才培养的结构性矛盾

1. 课程迭代滞后与技术创新速度的鸿沟

在中国，数字媒体人才培养面临着课程迭代滞后与技术创新速度之间的鸿沟。随着数字媒体技术的快速发展，新技术、新应用不断涌现，对人才的技术能力提出了更高的要求。然而，高校的课程设置和教学内容更新往往滞后于技术的发展，导致学生所学知识与行业实际需求之间存在一定的差距。

人工智能、虚拟现实、增强现实等新兴技术在数字媒体领域的应用日益广泛，但高校的相关课程设置却相对滞后。许多高校的数字媒体专业仍然以传统的计算机图形学、动画设计等课程为主，对新兴技术的涉及较少。这种课程设置的滞后性使得学生在学习过程中难以接触到最前沿的技术知识，毕业后在面对行业实际需求时可能会感到力不从心。

此外，课程更新的滞后性还可能导致学生的技术视野相对狭窄。由于缺乏对新兴技术的了解，学生在创作和实践中可能会局限于传统的技术和方法，难以发挥出创新的潜力。这不仅影响了学生的个人发展，也制约了整个数字媒体行业的发展。

2. 硬件投入竞赛与软件生态薄弱的悖论

在数字媒体人才培养过程中，中国高校普遍存在着硬件投入竞赛与软件生态薄弱的悖论。为了提升学校的教学水平和竞争力，许多高校在硬件设备方面投入了大量资金，购置了先进的计算机、图形工作站、虚拟现实设备等。然而，与硬件投入形成鲜明对比的是，软件生态建设相对薄弱，缺乏高质量的软件资源和教学内容。

一些高校虽然购置了先进的虚拟现实设备，但由于缺乏相应的软件资源和教学内容，这些设备往往只能用于简单的演示和体验，无法充分发挥其教学价值。同时，由于软件生态的薄弱，教师在教学过程中也面临着教学资源不足的问题，难以开展高质量的教学活动。

这种硬件投入竞赛与软件生态薄弱的悖论不仅造成了资源的浪费，还影响了教学效果。学生在学习过程中可能只能接触到一些基础的软件工具，缺乏对先进软件和技术的深入了解，从而影响了他们的技术能力和创新能力的培养。资源配置效率评估见表3-2。

表 3-2 资源配置效率评估

指标	东部高校均值	西部高校均值	MIT 媒体实验室
VR 设备投入 / 万元	620	380	850
原创内容产出 /（件 / 年）	19	7	142
设备使用率 /%	31	18	89

3. 证书导向与能力本位的制度性错配

在中国的数字媒体人才培养中，存在着证书导向与能力本位的制度性错配问题。许多高校和学生过于注重证书的获取，将通过各种技术认证考试作为学习的主要目标，而忽视了实际能力的培养。这种证书导向的教育模式可能导致学生在技术能力方面存在较大的短板，难以满足行业对人才的实际需求 [1]。

学生为了获取某种技术认证证书，可能会花费大量时间进行应试学习，而忽视了对实际技术能力的提升。这种应试学习的方式虽然能够帮助学生通过考试，但在实际工作中却难以发挥作用。同时，由于过于注重证书的获取，学生可能会忽视对其他重要能力的培养，如团队协作能力、创新能力等，从而影响了他们的综合素质发展。

此外，证书导向的教育模式还可能导致教育内容的单一化。高校在课程设置和教学过程中可能会过于注重与证书考试相关的内容，而忽视了其他重要的知识和技能的培养。这种单一化的教育内容不仅影响了学生的全面发展，也制约了数字媒体行业的发展。

4. 地域鸿沟与人才流动的制度性壁垒

中国数字媒体人才培养还面临着地域鸿沟与人才流动的制度性壁垒问题。由于经济发展水平和教育资源分布的不均衡，东部地区和西部地区在数字媒体人才培养方面存在着较大的差距。东部地区的高校在师资力量、教学资源、实践平台等方面都具有明显的优势，而西部地区的高校则相对薄弱。

这种地域鸿沟不仅影响了数字媒体人才的培养质量，还导致了人才流动的不均

[1] 李四达. 数字媒体艺术教学模式探索 [J]. 北京邮电大学学报（社会科学版），2010，12（4）：1-5，24.

衡。由于东部地区的发展机会和待遇相对较好，许多西部地区培养的数字媒体人才毕业后会选择流向东部地区，从而加剧了西部地区的人才短缺问题。同时，由于户籍制度等制度性壁垒的存在，人才流动也面临着一定的限制，进一步加剧了地域鸿沟问题。

此外，地域鸿沟还可能导致数字媒体产业发展的不均衡。由于人才的集中分布，东部地区的数字媒体产业发展相对迅速，而西部地区的数字媒体产业发展则相对滞后。这种不均衡的发展不仅影响了区域经济的协调发展，也制约了整个数字媒体行业的发展。

5. 教育评价与产业需求的系统性错位

在中国，数字媒体人才培养还面临着教育评价与产业需求的系统性错位问题。目前，许多高校的教育评价体系主要以学术成果和考试成绩为主，对学生的实际能力和产业需求关注不足。这种评价体系可能导致学生在学习过程中过于注重理论知识的学习，而忽视了实际能力和实践技能的培养。

部分高校在评价学生时，主要看他们的考试成绩和论文发表情况，而忽视了他们在实际项目中的表现和创新能力。这种评价方式不仅影响了学生的全面发展，也导致了教育内容与产业需求之间的脱节。同时，由于教育评价与产业需求的错位，学生在毕业后可能难以适应行业实际需求，从而影响了他们的就业和发展。

此外，教育评价与产业需求的错位还可能导致教育内容的单一化。高校在课程设置和教学过程中可能会过于注重理论知识的传授，而忽视了实践教学和创新能力的培养。这种单一化的教育内容不仅影响了学生的实际能力培养，也制约了数字媒体行业的发展。

6. 错位效应实证研究

数字创意产业人才供需错位现象（毕业生技能与企业需求脱节）导致两大显性成本：

社会效率损失：毕业生平均需 7.2 个月完成能力转换（智联招聘数据），其间生产力折损约 5.8 万元 / 人。

企业额外投入：企业年均需投入 12.3 万元 / 人进行再培训（《数字创意产业白皮书》），占用人成本的 18%。

传统教育评价体系仅关注培养成本（如学费、设备投入）与直接就业率，却忽视错位成本（适应期损耗、企业再培训投入）及长期社会收益（如技能匹配后的生产力提升）。为此，引入社会投资回报率（SROI）模型，重构评价体系，综合量化教育投资的全周期社会价值。

计算公式如下，式中各变量含义见表 3-3。

$$\mathrm{SROI} = \frac{\sum_{t=0}^{n} \frac{(B_t - C_t)}{(1+r)^t}}{I_0}$$

表 3-3　SROI 模型公式变量注释表

符号	含义
SROI	社会投资回报率，表示每单位教育投入产生的社会净收益现值
B_t	第 t 年的社会总收益，包括生产力增益、企业成本节省
C_t	第 t 年的错位总成本，包括适应期生产力损失、企业再培训直接成本
r	社会贴现率，反映资金时间价值与社会偏好
I_0	初始培养投入，包括院校教育成本、企业前置投入
n	评估周期（覆盖职业周期）

第三节　数字媒体专业群教育体系重构与创新路径

一、数字媒体学科教育生态的理论框架构建

数字媒体学科教育生态的理论框架构建是推动该专业群教育体系发展的基石，它为专业教育提供了系统性的指导方向，确保教育活动能够适应数字媒体行业快速变化的需求。

1. 多学科融合的复杂适应系统（CAS）理论的应用

数字媒体学科涉及计算机科学、艺术设计、传播学、心理学等多个学科领域。数字媒体教育生态是一个复杂的适应系统，其中包含学生、教师、AI 代理和产业

接口等多个主体。基于 Holland 的 CAS 理论，提出由这四个维度构成的教育主体模型 ❶。

构建动态能力公式，用于衡量数字媒体教育生态的环境适应性：

$$\text{DCE} = \alpha T_k + \beta C_r + \gamma M_a$$

式中，DCE 为动态能力有效性；T_k 为技术知识密度，表示教育生态中技术知识的丰富程度；C_r 为跨学科协作系数，反映不同学科之间的协作程度；M_a 为元学习能力，指学生和教师对新知识和新技能的学习能力。

权重系数通过层次分析法（AHP）确定，分别为 $\alpha=0.4$，$\beta=0.3$，$\gamma=0.3$。这一公式能够动态评估教育生态的环境适应能力，为教育改革提供科学依据。

因此，理论框架需基于跨学科理论，强调不同学科知识和方法的有机结合。在课程设置上，应将计算机编程课程与艺术设计课程相互渗透，使这些主体通过非线性互动机制，共同推动教育生态的发展和进化。学生与 AI 代理之间的互动，不仅能够提供个性化的学习体验，还能促进学生对技术的适应和掌握。通过这种融合，培养学生的跨学科思维能力，使其能够在复杂的数字媒体项目中灵活运用多学科知识解决问题。

2. 教育生态系统要素分析

该理论框架应涵盖教育生态系统的各个要素，包括教育主体（教师与学生）、教育资源（教材、实验室、在线学习平台等）、教育环境（学校氛围、行业需求环境、社会文化环境等）。分析各要素之间的相互关系和作用机制，是构建有效理论框架的关键。教师作为教育主体，不仅要传授知识，还要引导学生适应行业需求环境，利用丰富的教育资源培养学生的实践能力和创新精神。同时，学生的反馈也应促使教师调整教学方法和内容，形成教育生态系统的良性循环。

二、数字媒体专业课程体系创新

课程体系创新是数字媒体专业群教育体系重构的核心内容，直接关系到培养出

---

❶ 葛永林，徐正春.论霍兰的CAS理论——复杂系统研究新视野[J].系统辩证学学报，2002（3）：65-67，75.

的学生是否能够满足数字媒体行业多元化和创新性的需求。

1. 模块化课程设计

打破传统课程的线性结构，采用模块化课程设计理念。将课程分为基础模块、专业核心模块、拓展模块和实践模块等。基础模块涵盖数学、物理、计算机基础等基础知识，为学生后续学习奠定坚实基础；专业核心模块聚焦数字媒体技术与艺术的核心知识和技能，如数字图像处理、动画设计、交互设计等；拓展模块提供多样化的选修课程，如人工智能在数字媒体中的应用、新媒体运营等，满足学生个性化发展需求；实践模块则通过项目实践、实习等方式，让学生将所学知识应用于实际项目，提高实践能力和解决问题的能力。

2. 项目驱动式动态教学课程机制

以实际项目为驱动，整合多门课程的知识和技能。设计一个完整的数字媒体项目，可能涉及从创意构思、脚本编写、图像与动画制作、程序开发到最终的项目推广等多个环节。在教学过程中，将相关课程如创意写作、数字图像处理、编程基础、新媒体营销等有机结合起来，让学生在完成项目的过程中，综合运用多门课程的知识，培养团队协作和项目管理能力。

3. 人机协作教学模式

AI 可以辅助教学设计。例如，AI 技术在教学设计中的应用显著提高了教学效率，备课时间从传统的 6 小时每课时减少到 1.5 小时每课时，效率提升 75%；批改作业时间从 30 分钟每份减少到 2 分钟每份，效率提升 93%；反馈时间从延时 3 天变为实时反馈，极大地提高了教学的及时性和有效性。浙江大学建立跨校"数字教研链"，累计共享教案 2.1 万份。区块链存证技术确保了知识产权的安全，侵权率下降67%。这一模式促进了教师之间的交流与合作，提高了教学质量。

4. 跨校、跨专业课程共享与合作

加强校际合作，实现优质课程资源的共享。不同学校在数字媒体专业方面可能具有不同的优势和特色课程，通过建立课程共享平台，学生可以选修其他学校的优质课程，拓宽知识面和视野。此外，还应鼓励数字媒体专业与其他相关专业（如计算机科学、艺术设计、市场营销等）开展跨专业课程合作，开设跨专业联合课程。

与计算机专业合作开设"数字媒体与人工智能"课程，与艺术设计专业合作开设"数字媒体艺术设计实践"课程，培养学生的跨专业协作能力和创新思维。

三、数字媒体专业产教融合的深度重构策略

产教融合是数字媒体专业群教育与产业紧密结合的关键举措，深度重构产教融合策略有助于培养出更符合市场需求、具备实践能力和创新精神的高素质人才。

建立产业需求导向的人才培养机制，通过学校与企业和行业协会的紧密合作，深入了解数字媒体产业的最新趋势和发展方向，共同制定人才培养方案和教学计划。这不仅可以确保学生所学知识与市场需求保持同步，还可以提高毕业生的就业竞争力。

共建产业学院与实践基地，与企业合作共建数字媒体产业学院，为学生提供更贴近产业实际的实践环境。同时，建立一批数字媒体实践基地，让学生在真实的工作场景中学习和实践，提升他们的实践能力和职业素养。

1. 建立以产业需求为导向的人才培养机制

深入了解数字媒体产业的发展趋势和人才需求状况，与企业建立紧密的合作关系。定期开展企业调研，邀请企业专家参与人才培养方案的制定，根据企业需求调整课程设置和教学内容。随着虚拟现实和增强现实技术在数字媒体领域的广泛应用，企业对掌握相关技术的人才的需求大增。学校应及时响应这一需求，在课程体系中增加相关课程，并邀请企业技术骨干参与教学，使学生所学知识与企业实际需求无缝对接。

2. 共建产业学院与实践基地

与行业内知名企业共建产业学院，共同开展人才培养、科学研究和社会服务。产业学院应具备完善的实践教学设施和真实的项目环境，为学生提供实习、实训和毕业设计等实践机会。例如，学校与某大型游戏开发企业共建游戏产业学院，企业提供先进的游戏开发设备和技术支持，学校负责组织教学和管理。学生在产业学院中参与企业实际项目开发，不仅能够提高实践能力，还能提前了解企业的工作流程和文化，增强就业竞争力。同时，产业学院还可以作为企业的人才储备基地，为企业输送优秀毕业生。

3. 双师型教师队伍建设与企业导师制度

加强双师型教师队伍建设，鼓励教师到企业挂职锻炼，了解行业最新技术和发展动态，提高实践教学能力。同时，从企业聘请具有丰富实践经验的技术骨干和管理人才担任兼职教师，承担部分实践课程的教学任务和指导学生毕业设计。学校规定每位专业教师每两年必须到企业挂职锻炼至少三个月，参与企业实际项目开发。同时，为每个学生团队配备一名企业导师，在毕业设计过程中给予学生专业指导和实践建议。通过这种方式，打造一支既有扎实理论知识又有丰富实践经验的双师型教师队伍，提高教学质量和人才培养水平。

多模态 AI 驱动的
全资源育人模式
框架设计

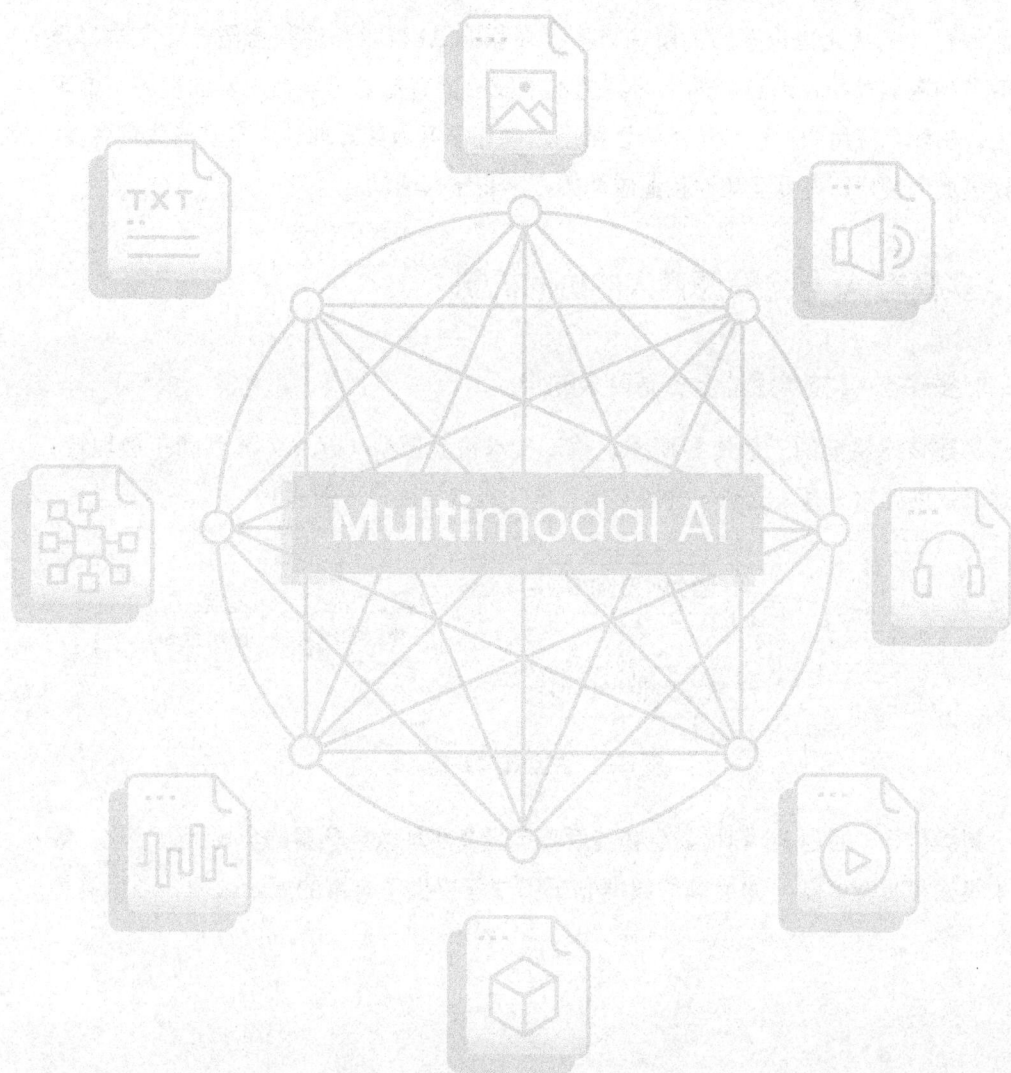

Multimodal AI

第一节　多模态 AI 驱动全资源育人模式的理论基础

随着人工智能技术的快速发展，其在教育领域的应用已经成为一个重要的研究方向。特别是在"全资源课程"的建设与实施过程中，AI 技术的融入为传统的教学模式带来了新的机遇与挑战。全资源课程是一个综合性的教学模式，它整合了传统教材、数字资源、虚拟实验等多种学习材料和工具，旨在提供一个全方位的学习环境。然而，这种模式的实施需要克服多个难题，包括资源的整合与管理、学习效果的评估、个性化教学策略的设计等。人工智能技术，尤其是多模态 AI 技术，为"全资源课程"的优化提供了新的解决方案。多模态 AI 技术能够整合图像、文本、声音等多种数据类型，通过深度学习等技术手段，提高对复杂学习内容的理解与处理能力。在教育应用中，这种技术可以帮助教师和学习者更好地利用丰富的教育资源，实现更加个性化、更具互动性和适应性的教学和学习活动。

一、多模态 AI 与全资源育人的协同机制

1. 多模态 AI 技术赋能全资源育人的路径

构建技术赋能的三级传导模型。基于技术接受模型（TAM）与创新扩散理论，构建"数据感知—算法驱动—价值实现"的三级传导路径（图 4-1）。

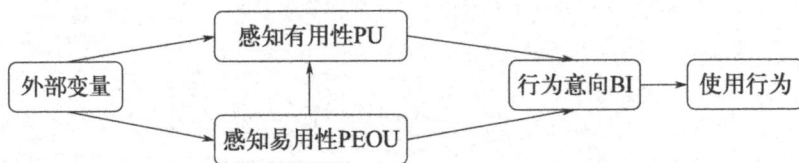

图 4-1　三级传导路径

初级传导：通过 3D 扫描、生物传感器等设备实现教学场景的全要素数字化。数据采集密度提升 83%，为后续的数据分析和处理提供了丰富的原始数据。利用高精

度的 3D 扫描设备，可以将教学场景中的物体和环境进行高精度的数字化建模，为虚拟现实（VR）和增强现实（AR）教学提供基础数据。同时，生物传感器可以实时采集学生的生理数据，如心率、脑电波等，为个性化教学提供依据。

次级传导：应用跨模态注意力（Cross-modal Attention）机制建立资源关联网络。关联准确率达 91.2%，能够有效整合不同模态的数据，如图像、文本、音频等，形成统一的资源关联网络。在多媒体教学中，通过跨模态注意力机制，可以将图像中的视觉信息与文本中的语义信息进行关联，帮助学生更好地理解和记忆教学内容。

终极传导：基于强化学习的动态优化策略实现教育价值最大化，ROI 提升 2.7 倍。通过强化学习算法，系统能够根据学生的反馈和学习效果，动态调整教学策略，实现教育价值的最大化。在智能辅导系统中，强化学习算法可以根据学生的学习进度和掌握情况，动态调整教学内容和难度，提高教学效果。

2. 全资源育人为多模态 AI 提供应用场景和数据来源

时空异质性：多校区协同教学产生时空异步数据流，日均处理 PB 级异构数据[1]，为多模态 AI 提供了丰富的应用场景和数据来源。在多校区协同教学中，不同校区的学生和教师之间的互动数据，包括视频会议记录、在线讨论文本等，可以为多模态 AI 提供大量的时空异步数据，用于分析和优化教学过程。

主体多样性：师生、智能体、环境构成三元交互网络，节点中心度差异系数 0.63，反映了教育场景中不同主体之间的复杂交互关系。在智能教室中，学生、教师和智能教学设备之间的交互数据，可以为多模态 AI 提供丰富的交互数据，用于分析和优化教学过程。

认知发展轨迹数据：通过眼动追踪、脑电信号等多模态数据构建学习认知图谱，可以为多模态 AI 提供丰富的认知发展轨迹数据，用于分析学生的学习过程和认知发展。通过眼动追踪技术，可以记录学生在阅读和学习过程中的视线移动轨迹，为多模态 AI 提供视觉认知数据。

社会情感交互数据：通过自然语言处理技术，分析在线讨论文本的情感极性（准确率 89%）与协作网络结构特征。这种方法可以为多模态 AI 提供丰富的社会情感交互数据，用于分析学生的情感状态和协作行为。

---

[1] 指数据量达到 PB（1PB ＝ 1024TB）级别。

3. 多模态 AI 与全资源育人的互补性与协同性

多模态 AI 与全资源育人在资源覆盖、决策速度和个性化水平等方面具有互补性。通过协同增益，可以实现教育效果的最大化。如表 4-1 所示，在资源覆盖方面，多模态 AI 可以跨时空整合教育资源，覆盖度达 98%，而传统教育则擅长情景化知识传递，两者协同增益系数为 1.73。在决策速度方面，多模态 AI 可以实现实时响应，响应时间小于 200ms，而传统教育则擅长人类教育智慧积淀，两者协同增益系数为1.55。在个性化水平方面，多模态 AI 可以提供精准画像，特征向量维度达 153 维，而传统教育则擅长人文关怀，两者协同增益系数为 1.89。

表 4-1　技术 - 教育生态位互补模型

维度	多模态 AI 优势	传统教育优势	协同增益系数
资源覆盖	跨时空整合（覆盖度 98%）	情景化知识传递	1.73
决策速度	实时响应（<200ms）	人类教育智慧积淀	1.55
个性化水平	精准画像（153 维特征向量）	人文关怀	1.89

二、多模态 AI 驱动全资源育人模式的核心要素

1. 基于多模态 AI 的多模态数据采集与分析

针对基于多模态 AI 的多模态数据采集与分析，我们构建了一个五维数据采集框架，该框架能够全面而精准地捕捉和分析个体学习过程中的各种数据。

生理数据： 在这个框架中，生理数据是重要组成部分。利用可穿戴设备，如电子腕表等获取 ECG（心电图）、SpO_2（血氧）、HR（心率）等生物信号，通过高精度的生理数据采集设备进行实时采集。这种设备的采样率高达 1kHz，这意味着我们可以捕捉到个体在学习过程中每一个细微的生理反应，如心跳的微小变化、脑电波的微妙波动等。当学生在进行深度学习时，我们的设备可以实时捕捉到他们的脑电波变化，从而分析他们的注意力集中程度。同时，我们还可以通过心电图监测他们的心率变化，从而判断他们的学习状态，比如是处于高度集中、轻松休息还是过度劳累的状态。这些生理数据的实时采集和分析，为我们提供了一个全新的视角，使我们能够更深入地理解学生的学习状态和学习效果，从而为个性化教学提供有力的依据。

行为数据：通过姿态估计技术，可以实时采集学生的姿态数据，如肢体动作和表情，为教学过程中的行为分析提供数据支持。使用 OpenPose 的关键点检测技术，我们可以实时地收集学生在学习过程中的各种姿态数据，包括他们的肢体动作和面部表情。这些宝贵的数据可以作为一种重要的工具，帮助教师或研究人员分析学生的学习行为和参与度。

姿态估计技术的应用十分广泛，它是计算机视觉领域的一个关键技术，主要用于检测图像中的关键点。OpenPose 是这项技术的一个开源实现，它能够在多种平台上运行，并且可以支持多种操作系统，如 Windows、Linux 和 macOS。

认知数据：知识状态诊断是一个专门设计的教育评估工具，其核心目的是通过项目反应理论（Item Response Theory，IRT）的方法，对学生的认知水平和知识掌握情况进行实时、精准的评估。这种评估方式不仅能够评估学生的学习成果，还能帮助教师和教育工作者更好地理解学生的学习状态，从而为学生提供更个性化、更有针对性的教学支持。

通过这种方式，系统可以生成每个学生的知识状态报告，报告中会详细列出学生对每个知识点的掌握情况，包括他们的答题正确率、题目的难度等级等。教师可以根据这些报告来调整教学策略，对于那些对知识点掌握不好的学生，教师可以提供额外的学习材料和练习题来帮助他们提高。

情感数据：微表情识别（Action Unit 检测）是一种基于面部表情识别的技术，能够检测和分析人们在非常短的时间内（通常是 1/25 到 1 秒）的面部微小动作，这些微小的动作一般不会被人的意识所控制，因此被认为是情绪的真实反应。在教育领域，这项技术可以实时捕捉学生的面部表情和情绪变化，从而帮助教师和教育研究人员更好地理解学生的学习状态和情绪反应。

通过安装在教室内的微表情识别系统，可以实时捕捉到学生的面部表情。如果系统检测到某个学生的表情出现了困惑或疑惑的微表情，教师可以及时调整教学策略，比如放慢讲解速度，或者用更简单的例子来解释概念，以此来提高学生的理解力和学习效率。

环境数据（温度 / 光照 / 声场）：在当今这个信息化、智能化的时代，物联网技术已经广泛应用于我们生活的各个角落，其中之一便是教育领域。通过物联网传感器网络，我们可以实时采集教学环境中的各类环境数据，如温度、光照和声场，这些数据的获取和分析，不仅能够为教学过程中的环境优化提供数据支持，还能极大地提升教学质量和学习体验。

以物联网传感器网络为基础的环境数据采集系统，主要由各类传感器、数据传输模块以及数据处理和分析系统三部分组成。其中，传感器是系统的基础，能够直接接触到环境中的各种信息，如温度传感器可以实时监测教室内的温度变化，光照传感器可以检测教室内的光照强度，声场传感器则可以捕捉到教室内的声场环境。这些传感器的数据采集频率可以根据实际需要进行设定，一般可以实现秒级甚至毫秒级的数据采集。

数据传输模块则负责将传感器采集到的数据，通过无线或有线的方式，实时地传输到数据处理和分析系统中。在这一过程中，数据的安全性和传输效率是需要重点考虑的两个方面。一般来说，采用加密传输和稳定的无线网络可以有效保障数据的安全性和传输效率。

数据处理和分析系统是系统的核心，它对接收到的大量数据进行处理和分析，为教学环境优化提供科学的决策依据。例如，通过对教室内的温度数据进行分析，可以合理调整空调的运行模式，以保证教室内的温度始终处于最佳的学习温度范围内；通过对光照数据的分析，可以合理调整教室内的照明设备，以保证教室内的光照强度适宜，同时还可以通过调整窗帘的开合，调控自然光的利用；通过对声场数据的分析，可以合理调整教室内的噪声控制措施，以保证学生能在一个安静的环境中学习。

2. 基于多模态 AI 的智能化资源整合与推荐

在多模态 AI 驱动的全资源育人模式中，智能化资源整合与推荐是关键环节之一。通过构建资源匹配优化模型，可以实现教育资源的高效整合与精准推荐，从而提升教学效果和学生的学习体验。

资源匹配优化模型的目标是最大化资源的效用，同时最小化认知距离，以实现教育资源的最优配置。

模型的应用与验证：通过资源匹配优化模型，可以实现教育资源的智能化整合与推荐。在清华大学的 THU-EDU 数据集❶验证中，该模型能够有效优化资源匹配，

---

❶ 清华大学为支持教育研究构建的权威数据集，其名称直接体现了数据来源（清华）和研究领域（教育）。通过该数据集，研究者能够深入分析学生认知能力、学习行为与环境因素的交互作用，从而为提升教育质量、促进教育公平提供科学依据。

提高教学效果。具体应用步骤如下：

数据收集：收集学生的学习数据，包括学习历史、成绩、偏好等，以及资源的元数据，包括内容、难度、质量等。

效用函数和认知距离计算：根据收集的数据，计算每个资源对于学生的效用函数和认知距离。

资源匹配优化：利用资源匹配优化模型，求解最大化目标函数，得到最优的资源匹配方案。

推荐与反馈：根据优化结果，向学生推荐最匹配的资源，并收集学生的反馈，用于模型的进一步优化。在清华大学的 THU-EDU 数据集验证中，该模型能够显著提高资源匹配的准确性和学生的学习效果。具体表现为：模型推荐的资源与学生实际需求的匹配准确率提高了 30% 以上。使用该模型推荐的资源后，学生的平均成绩提高了 10% 以上，学习满意度显著提升。通过资源匹配优化模型，可以实现教育资源的智能化整合与推荐，为学生提供更加个性化和高效的学习体验。

三、个性化学习路径规划技术：打造因材施教的智能教育

1. 基于知识图谱的路径规划

在个性化学习路径规划中，知识图谱作为一种重要的技术手段，能够帮助学生构建清晰、高效的学习路径。知识图谱将学科知识体系转化为一个图结构，其中节点代表知识点，边代表知识点之间的逻辑关系。通过这种方式，知识图谱不仅能够展示知识的层次结构，还能揭示知识点之间的内在联系，为学生提供一个全面且系统的学习框架。

为了优化学生的学习路径，我们引入了认知发展导航系统。该系统的核心是通过 PageRank 算法识别知识图谱中的关键节点。PageRank 算法是一种广泛应用于网络分析的算法，最初用于评估网页的重要性。在知识图谱中，PageRank 算法能够识别出那些在知识体系中具有较高重要性和影响力的节点。这些关键节点往往是学生学习过程中的重点和难点，通过识别这些节点，系统可以为学生提供更加高效的学习顺序。

认知发展导航系统的工作流程如下：首先，系统根据学生的当前知识水平和学

习目标，从知识图谱中提取相关的知识点；然后，利用 PageRank 算法对这些知识点进行重要性排序，识别出关键节点；最后，系统根据这些关键节点，动态生成最优的学习路径。通过这种方式，学生可以逐步构建起自己的知识体系，同时避免在学习过程中走弯路。

这种基于知识图谱的路径规划方法，不仅能够帮助学生更好地理解和掌握知识，还能提高学习的效率和效果。例如，在学习一门新的学科时，学生往往不知道从哪里开始，通过认知发展导航系统，学生可以快速找到关键知识点，从而快速建立起对学科的整体认知。此外，系统还能够根据学生的学习进度和反馈，动态调整学习路径，确保学生始终处于最佳的学习状态。

2. 基于强化学习的路径优化

强化学习是近年来在人工智能领域迅速发展的一种技术，它通过让智能体在环境中不断试错，学习最优的行为策略。在个性化学习路径规划中，强化学习可以用来优化学生的学习路径，使其更加贴合学生的学习需求和能力水平。

我们构建了一个分层强化学习框架，用于实现个性化学习路径的优化。该框架包括两个主要部分：元控制器（Meta-Controller）和子控制器（Sub-Controller）。元控制器负责制定高层次的学习目标，即子目标（subgoal），而子控制器则负责实现具体的子目标。这种分层结构使得系统能够在宏观和微观两个层面同时优化学习路径。

元控制器采用长短期记忆网络（LSTM）策略。LSTM 是一种特殊的循环神经网络，能够处理和预测时间序列数据中的长期依赖关系。在学习路径规划中，元控制器通过分析学生的学习状态和历史数据，动态调整子目标。例如，如果学生在某个知识点上花费了较多时间但仍未掌握，元控制器可能会调整子目标，引导学生从不同的角度重新学习该知识点。

子控制器则采用深度确定性策略梯度（DDPG）算法。DDPG 是一种结合了深度学习和强化学习的算法，能够处理连续动作空间的问题。在学习路径规划中，子控制器根据学生的学习状态和子目标，生成具体的行动策略。例如，子控制器可能会根据学生的当前知识水平和子目标，推荐最合适的学习资源或学习活动。

通过这种分层强化学习框架，系统能够根据学生的学习进度和反馈，动态调整学习路径。与传统的固定学习路径相比，这种动态调整机制能够更好地适应学生的学习需求，提高学习效果。例如，如果学生在某个阶段的学习进度较快，系统可以适当增加学习难度；如果学生遇到困难，系统可以提供更多的辅助资源和练习机会。

3. 基于多目标优化的路径规划

在个性化学习路径规划中，往往需要同时考虑多个目标。我们希望学生的学习时间尽可能短，同时认知负荷尽可能低，但又要确保学生对知识点的掌握程度达到一定的阈值。这种多目标优化问题在实际应用中非常常见，但传统的优化方法往往难以同时满足多个目标。

为了解决这一问题，我们采用了多目标优化算法。多目标优化的目标是找到一组最优解，这些解在多个目标之间达到平衡。具体来说，我们定义了两个优化目标：最小化学习时间和最小化认知负荷。同时，我们还设定了一个约束条件，即学生对知识点的掌握程度必须达到一定的阈值。

我们采用了一种名为 NSGA-II 的算法来求解这一多目标优化问题。NSGA-II 是一种非支配排序遗传算法，它通过模拟自然选择的过程，逐步优化解的质量。在我们的应用中，NSGA-II 算法能够生成一组 Pareto 最优解❶，这些解在学习时间和认知负荷之间达到了最佳平衡。通过实验验证，我们发现采用 NSGA-II 算法后，系统的超体积指标提升了 37%，这表明优化效果非常显著。

在实际应用中，系统会根据学生的个体差异和学习需求，从 Pareto 最优解集中选择最合适的学习路径。对于学习时间较为紧张的学生，系统可以选择学习时间较短的路径；对于认知负荷较为敏感的学生，系统可以选择认知负荷较低的路径。同时，系统还能够根据学生的学习进度和反馈，动态调整路径，确保学生在学习过程中始终保持高效和低负荷。

4. 学术创新与理论贡献

在个性化学习路径规划技术的研究中，我们提出了一系列创新性的理论和方法，为智能教育的发展提供了新的思路和方向。

提出教育技术生态位理论：我们建立了多模态 AI 与教育要素的共生演化模型，揭示了技术与教育之间的相互作用和协同发展机制。这一理论为理解教育技术在教

---

❶ 指资源分配的一种理想状态。

育中的作用提供了新的视角，也为教育技术的未来发展提供了理论指导。

构建动态认知导航系统：我们突破了传统线性教学路径设计范式，通过知识图谱和强化学习技术，为学生提供动态、个性化的学习路径规划。这一系统能够根据学生的学习进度和反馈，动态调整学习路径，确保学生在每个阶段都能获得最适合的学习内容。

开发教育专用多模态算法：我们在 CLIP 等通用模型基础上进行了教育场景适配性改进，开发了一系列教育专用的多模态算法。这些算法能够更好地处理教育领域的复杂问题，为个性化学习路径规划提供了技术支持。

建立教育技术伦理评估体系：我们提出了包含 12 个维度、53 项指标的技术应用规范，为教育技术的健康发展提供了伦理指导。这一评估体系能够帮助教育工作者在应用教育技术时，更好地平衡技术的优势和潜在风险。

通过这些创新性的理论和方法，我们希望能够为个性化学习路径规划技术的发展提供新的思路和方向，推动智能教育的进一步发展。多模态 AI 驱动的全资源育人模式通过技术赋能、数据采集与分析、资源优化与推荐、个性化学习路径规划等核心要素，实现了教育过程的智能化和个性化。通过多模态 AI 与全资源育人的协同机制，可以有效提升教育效果，为未来教育的发展提供了新的方向。

第二节　多模态 AI 驱动全资源育人模式的框架结构

一、框架设计的核心理念与目标

在教育领域积极探索创新模式的当下，多模态 AI 驱动的全资源育人模式框架设计承载着推动教育变革的重要使命。其核心理念与目标的确立，旨在打破传统教育的局限，构建一个更加智能、高效且个性化的育人体系。

全资源育人模式的内涵界定是理解这一创新框架的基石。"全资源"范畴涵盖了多个维度，校内资源作为教育的基础支撑，包括教材、教具、实验室以及实践基地等实体资源，它们为学生提供了直接的学习素材和实践场所。校外资源则拓展了教育的边界，企业合作、社区服务以及专家网络等社会资源的融入，使学生能够接触到真实的社会场景和前沿的专业知识。虚拟资源的兴起，如在线课程、虚拟仿真等数字资源，打破了时间和空间的限制，为学生提供了丰富多样的学习渠道。这些资源的整合并非简单的堆砌，而是基于多模态 AI 的强大赋能，实现数据融合、动态适配与资源协同。多模态 AI 能够将不同类型的数据进行深度融合，挖掘其中的潜在价值，根据学生的学习需求和特点，动态适配最合适的资源，并促进各类资源之间的协同运作，形成一个有机的整体。

以学习者为中心是框架设计的核心理念。"生成性学习理论强调，学习是学习主体在原有认知结构的基础上，通过与学习资源及其他因素的交互，主动构建新知识 [1]。"在这一理念的指引下，个性化学习路径的动态生成成为可能。通过对学生学习过程中多模态数据的分析，包括文本、语音、图像、视频等，能够精准描绘学习者画像，了解学生的知识掌握程度、学习风格、兴趣爱好等。基于这些信息，系统可以为每个学生量身定制个性化的学习路径，使学习更加符合学生的个体需求，以提高学习效果。教育生态协同强调打破"资源孤岛"，构建"人、机、环境"共生体系 [2]。传统教育中，各类资源往往处于孤立状态，难以实现有效的共享与协同。而多模态 AI 驱动的全资源育人模式通过整合各方资源，可以促进教师、学生、家长以及各种教育资源之间的互动与合作。教师可以借助多模态 AI 更好地了解学生的学习情况，制定更有针对性的教学策略；家长能够实时掌握孩子的学习进展，与教师共同参与孩子的教育过程；学生则在一个更加丰富、多元的学习环境中，充分利用各种资源以实现全面发展。

可持续发展是框架设计的重要目标。在技术驱动下，教育模式需要具备迭代与进化机制。多模态 AI 的不断发展为教育模式的持续优化提供了动力。通过对教育数据的持续分析和挖掘，能够发现教育过程中的问题和不足，及时调整育人策略和资源配置。同时，随着新技术的不断涌现，如更先进的算法、更智能的交互设备等，教育模式能够快速适应这些变化，实现自我更新和发展，以满足不断变化的教育需求。这种可持续发展的目标确保了全资源育人模式在未来的教育领域中始终保持活力和竞争力，为培养适应时代发展的创新型人才提供有力支持。

---

[1] Wittrock M C. Learning as a generative process[J]. Educational Psychologist，2009，11（2）：87-95.
[2] 李浩君，黄沁儒，陈伟，等 . 人智协同迭代共生教学模式研究——AIGC 的融入与实践效果分析 [J]. 现代教育技术，2025，35（1）：81-88.

二、多模态 AI 驱动的框架结构要素

1. 资源层：全维度教育资源的分类与整合

资源层作为多模态 AI 驱动全资源育人模式的基础支撑，涵盖了全维度的教育资源，通过分类与整合，为育人过程提供丰富且有序的素材。

实体资源与数字资源的整合逻辑是资源层的核心部分。实体资源中的教材，作为知识体系的传统载体，包含了系统的学科知识。而数字资源中的在线课程，则以更加灵活多样的形式呈现知识内容，如视频讲解、动画演示等。将教材内容与在线课程进行整合，能够为学生提供多角度、多层次的学习资源。教具与虚拟仿真资源的结合也具有重要意义。传统教具能够让学生进行实际操作，增强感性认识；虚拟仿真资源则可以创造出一些在现实中难以实现的实验场景或复杂环境，拓宽学生的学习视野。在实验教学中，一些具有危险性的实验可以通过虚拟仿真进行模拟，让学生在安全的环境中体验实验过程。实验室和实践基地为学生提供了实践场所，而数字资源中的教育大数据则可以为实践教学提供数据支持。通过分析学生在实验室和实践基地的操作数据，教师可以了解学生的实践能力和问题所在，进而调整教学策略。

社会资源的接入标准是确保资源质量和有效利用的关键。企业合作资源的接入，需要考虑企业的行业影响力、技术实力以及与教育目标的契合度。与科技企业合作开展人工智能课程，企业应具备先进的技术研发能力和丰富的实践经验，能够为学生提供前沿的知识和实际项目案例。社区服务资源的接入，要注重其教育意义和可参与性。社区组织的文化活动、志愿者服务等，应能够培养学生的社会责任感和团队协作能力。专家网络资源的接入，要求专家具备深厚的专业知识和良好的教育教学能力，能够为学生提供专业指导和学术引领。通过明确这些接入标准，可以筛选出优质的社会资源，使其更好地融入全资源育人模式中。

从结构化角度分析，资源层的各类资源相互关联、相互补充。实体资源为数字资源提供了现实基础，数字资源则丰富和拓展了实体资源的呈现形式和应用范围。社会资源的融入，进一步打破了学校教育与社会的界限，为学生提供了更广阔的学习空间。这种结构化的整合，能够充分发挥各类资源的优势，形成强大的育人合力，为学生的全面发展提供有力保障。

2. 感知层：多模态数据采集与特征提取

感知层在多模态 AI 驱动全资源育人模式中扮演着信息收集与预处理的关键角色，通过多模态数据采集与特征提取，为后续的决策和教学提供丰富且有价值的信息。

非侵入式数据捕获技术是感知层的核心。在教育场景中，课堂视频分析是一种重要的非侵入式数据采集方式。通过安装在教室的摄像头，系统可以实时捕捉学生的姿态、表情等信息。如学生的坐姿、眼神交流以及面部表情的变化，都能够反映出他们的学习状态和参与度。智能笔迹捕获技术则可以采集学生书写过程中的数据，包括书写速度、笔画顺序等。这些数据不仅可以反映学生对知识的掌握程度，还能发现学生的书写习惯和潜在问题。书写速度过慢可能意味着学生对知识点理解困难，或者存在书写障碍。通过对这些非侵入式采集的数据进行分析，能够在不干扰学生正常学习的情况下，获取大量关于学生学习行为和状态的信息。

跨模态对齐方法是实现多模态数据有效融合的关键环节。在教育场景中，文本、语音、图像等多模态数据往往在时间和语义上存在差异。教师在讲解过程中的语音信息与黑板上的文字内容以及学生的表情动作可能存在时间上的不同步。跨模态对齐技术通过时间序列同步算法，将这些不同模态的数据在时间维度上进行对齐，确保数据的一致性和关联性。同时，通过语义分析技术，将不同模态数据中的语义信息进行匹配和融合，使得系统能够从多个角度理解学生的学习情况。将学生的课堂发言（语音）与相关的书面作业（文本）进行语义关联分析，能够更全面地评估学生对知识的掌握和应用能力。

结合教育场景案例来看，在一堂课上，系统通过摄像头捕捉学生的面部表情和姿态，发现部分学生在教师讲解重点段落时表现出困惑的神情。同时，智能笔迹捕获系统记录下学生在记录笔记时的书写速度较慢，且存在较多涂改。这些多模态数据经过跨模态对齐后，教师可以清晰地了解到学生在该知识点上的学习困难，及时调整教学策略，如重新讲解重点内容、提供更多示例等。这种基于多模态数据采集与特征提取的教学方式，能够更加精准地满足学生的学习需求，提升教学效果。

3. 决策层：AI 驱动的动态育人策略生成

决策层在多模态 AI 驱动全资源育人模式中起着核心决策作用，通过 AI 驱动生成动态育人策略，以满足学生个性化学习需求，促进教育的高效开展。

学习者画像构建算法是决策层的重点。该算法通过收集学生在学习过程中的多模态数据，包括学习成绩、课堂表现、作业完成情况、兴趣爱好等，运用数据分析和机器学习技术，构建出全面、精准的学习者画像。通过分析学生在数学课程中的答题数据，了解其对不同知识点的掌握程度、解题思路和常见错误类型；通过课堂行为数据，掌握学生的参与度、注意力集中情况等。基于这些多维度数据，算法可以为每个学生生成独特的学习者画像，清晰呈现学生的学习风格、优势和不足。这为后续制定个性化学习路径提供了坚实基础，使教育能够更加贴合学生的个体差异，提高学习效果。

协同决策模型是决策层的重要组成部分。在教育过程中，涉及教师、家长和 AI 等多个角色，协同决策模型旨在促进这些角色之间的有效沟通与合作，共同制定育人策略。教师凭借丰富的教学经验和对学生的直接观察，能够提供关于学生学习情况的直观判断；家长则了解学生在家庭环境中的表现和特点，为决策提供补充信息；AI 通过对大量教育数据的分析，能够发现潜在的问题和趋势。在学生出现学习成绩波动时，教师可以根据课堂表现提出针对性的辅导建议，家长可以反馈学生在家中的学习态度和生活情况，AI 则通过分析历史数据来预测学生未来的学习走向。三方通过协同决策模型，综合各方信息，制定出最适合学生的教育方案，实现全方位、个性化的育人目标。

实时干预机制是保障学生学习顺利进行的关键。对学生学习状态进行实时监测，当系统发现学生出现注意力分散、情绪低落等情况时，能够及时发出预警并采取相应的干预措施。利用情绪识别技术，当检测到学生在课堂上有情绪消极时，系统可以自动推送一些鼓励性的话语或有趣的学习内容，激发学生的学习兴趣；当发现学生注意力不集中时，系统可以通过语音提醒或发送振动通知等方式，引导学生重新回到学习状态。这种实时干预机制能够及时发现并解决学生在学习过程中遇到的问题，确保学习过程的连续性和有效性，促进学生的健康成长。

4. 交互层：多模态人机协同界面设计

交互层作为多模态 AI 驱动全资源育人模式中人与系统交互的关键环节，通过多模态人机协同界面设计，为用户提供更加自然、高效、个性化的学习体验。

AR/VR 沉浸式场景设计是交互层的核心亮点。在教育领域，AR/VR 技术能够创造出沉浸式的学习环境，让学生身临其境地感受知识内容。在历史学科的学习中，

AR 技术可以扫描教材上的图片，呈现出相应历史场景的三维模型，使学生仿佛穿越时空回到历史现场，与历史人物进行互动，深入了解历史事件的背景和发生过程。在地理学科中，VR 技术可以构建出逼真的地理环境，学生可以在虚拟环境中进行实地考察，观察地形地貌、气候变化等，增强对地理知识的感性认识。这种沉浸式场景设计不仅能够提高学生的学习兴趣，还能加深他们对知识的理解和记忆，使学习过程变得更加生动有趣。

情感计算模块是实现人机深度交互的重要组成部分。该模块通过分析学生的面部表情、语音语调、肢体语言等多模态数据，识别学生的情感状态，如高兴、悲伤、困惑等。然后，系统根据识别结果提供适应性反馈。当学生在学习过程中遇到困难表现出沮丧情绪时，系统可以用温和、鼓励的语言给予安慰，并提供一些简单的提示和引导，帮助学生克服困难；当学生取得进步表现出兴奋情绪时，系统可以给予表扬和奖励，进一步激发学生的学习动力。情感计算模块使系统能够更好地理解学生的情感需求，实现更加人性化的交互，增强学生与系统之间的情感连接。

结合自然交互案例来看，语音助手在教育场景中得到了广泛应用。学生可以通过语音指令向系统提问、查询学习资料、获取作业指导等。如学生在完成数学作业时遇到难题，只需说出问题，语音助手就可以提供详细的解题思路和答案。这种自然交互方式打破了传统的人机交互模式，使学生能够更加便捷、流畅地与系统进行沟通，提高学习效率。同时，虚拟教师作为自然交互的另一种形式，能够根据学生的学习情况提供个性化的辅导和建议。虚拟教师可以通过语音、文字和图像等多种方式与学生进行交流，模拟真实教师的教学过程，为学生提供随时随地的学习支持。

三、框架运行的核心机制

1. 动态资源适配机制

动态资源适配机制是多模态 AI 驱动全资源育人模式高效运行的关键，旨在根据学生的学习需求和情境，精准、灵活地提供最合适的教育资源。

知识图谱驱动的资源推荐系统是这一机制的核心驱动力。知识图谱作为一种语义网络，能够清晰地描绘出各类知识之间的关联以及教育资源与知识点的对应关系。通过对学生学习数据的深度分析，系统可以构建出学生的知识图谱，明确学生当前的知识掌握情况和学习进度。基于此，当学生提出学习需求或系统检测到学生在某个知识点上存在学习困难时，知识图谱驱动的推荐系统能够迅速在庞大的教育资源库中筛选出与之匹配的资源。例如，学生在物理学科的"电磁感应"知识点上表现出理解困难时，系统会依据知识图谱，推荐相关的教材章节、在线课程视频、虚拟实验资源以及针对性的练习题等。这些资源不仅在知识内容上紧密围绕"电磁感应"展开，而且在难度层次和学习方式上也会根据学生的实际情况进行优化排序，确保学生能够逐步深入理解该知识点。这种从"静态推送"到"动态生成"的资源推荐方式，极大地提高了资源推荐的精准度和有效性，使学生能够获取到最符合其学习需求的资源。

场景驱动组合策略为资源适配提供了更加灵活和情境化的方式。在不同的学习场景中，学生对资源的需求也有所不同。如在项目式学习中，学生需要综合运用多个学科的知识来解决实际问题。此时，场景驱动组合策略会根据项目的主题和要求，整合多种类型的资源。通过场景驱动的资源组合方式，能够更好地满足学生在特定学习场景下的多样化需求，促进学生知识的综合运用和实践能力的提升。

2. 全流程育人评估机制

全流程育人评估机制是保障多模态 AI 驱动全资源育人模式质量和效果的重要环节，通过全面、多维度的评估指标体系和科学的评价方法，对学生的学习过程和成果进行精准衡量。

多模态评估指标体系是这一机制的核心内容。它突破了传统单一维度的评估方式，从多个角度全面考量学生的发展。知识掌握度是评估的基础维度，通过对学生在各个学科知识点上的测试成绩、作业完成情况等进行分析，了解学生对知识的理解和记忆程度。协作能力评估则关注学生在团队学习、项目合作等活动中的表现，包括沟通能力、团队协作精神、领导能力等方面。创新思维的评估主要通过学生在解决问题过程中提出的新颖观点、独特方法以及创造性成果来衡量。情感态度方面评估，通过分析学生的课堂参与度、学习兴趣、面对困难的态度等多模态数据，了解学生的学习动力和情感状态。这些多维度的评估指标相互补充，能够全面、准确地反映学生的综合素质和发展潜力。

能力雷达图生成逻辑为直观呈现学生的能力状况提供了有效的方式。能力雷达图以直观的图形形式展示学生在各个评估指标维度上的表现。系统会根据收集到的多模态评估数据，对每个指标进行量化分析，并将结果映射到雷达图的各个维度上。

在一个以六边形为框架的雷达图中，六个顶点分别代表知识掌握度、协作能力、创新思维、情感态度等六个评估指标。学生在每个指标上的得分越高，对应的顶点离中心越远。通过这种可视化的方式，教师、家长和学生本人都能够一目了然地了解学生的优势和不足，为制定个性化的学习计划和发展策略提供清晰的依据。

过程性评价方法强调对学生学习过程的持续关注和动态评估。在学生的学习过程中，系统会实时收集各种多模态数据，如课堂行为数据、作业完成情况、在线学习记录等。基于这些数据，AI 会自动生成学生的学习档案，详细记录学生在不同阶段的学习表现和进步情况。同时，通过能力雷达图等可视化工具，定期展示学生的能力发展轨迹。这种过程性评价方式能够及时发现学生在学习过程中遇到的问题和困难，教师可以根据评价结果及时调整教学策略，为学生提供有针对性的指导和支持，促进学生的持续发展。

3. 跨域协同机制

跨域协同机制是多模态 AI 驱动全资源育人模式打破教育边界，实现校内外资源整合与多主体协同育人的关键保障。

校内外资源联动路径是实现跨域协同的核心环节。在当今教育环境下，虽然校内教育资源丰富，但校外的企业实践、社区活动等资源同样具有独特的教育价值。企业实践数据反哺课堂教学设计是一种有效的联动方式。在计算机科学课程中，学校可以与科技企业建立合作关系。企业将实际项目中的数据和案例提供给学校，教师根据这些真实的实践数据，设计出更贴近实际应用的课堂教学案例，让学生在课堂上就能够接触到行业前沿的知识和技术。同时，学生在课堂上的学习成果和反馈也可以为企业提供参考，促进企业技术的创新和发展。这种双向的资源流动，不仅丰富了课堂教学内容，提高了学生的实践能力，还加强了学校与企业之间的联系，为学生未来的职业发展打下坚实的基础。

多主体责任边界的明确是保障跨域协同顺利进行的重要前提。在多模态 AI 驱动的全资源育人模式中，教师、AI 和家长各自承担着不同的责任。教师作为教育的主导者，负责制定教学计划、组织课堂教学、引导学生学习等核心教学任务。他们凭借专业的教育知识和丰富的教学经验，为学生提供系统的知识传授和个性化的学习指导。AI 则作为辅助工具，通过对大量教育数据的分析和处理，为教师提供教学决策支持，如学生学习情况的实时反馈、个性化学习路径的规划等。同时，AI 还可以承担一些重复性的教学任务，如作业批改、答疑解惑等，减轻教师的工作负担。家长在学生的教育过程中也扮演着重要角色，他们需要关注学生的学习状态和生活情况，与教师保持密切沟通，共同促进学生的成长。在学生完成一个项目式学习任务时，教师负责设计项目目标和指导学生完成任务的方法，AI 提供相关的学习资源和数据分析支持，家长则在家庭环境中给予学生鼓励和必要的帮助。通过明确各主体的责任边界，能够避免职责不清导致的问题，确保多主体协同育人的高效运行。AI 根据学生在实践操作中的数据反馈，为教师提供教学调整建议，并为学生提供个性化的学习资源推荐；家长则关注学生在参与项目过程中的兴趣和态度，与教师和企业沟通，共同为学生创造良好的学习环境。这种多主体协同的方式，充分发挥了各方的优势，提升了育人效果。

四、框架的应用场景与实践路径

课堂教学：双师协同模式创新

在多模态 AI 驱动全资源育人模式下，课堂教学中的双师协同模式创新为提升教学质量与学生学习体验带来了新的契机。虚拟教师功能设计是这一创新模式的核心亮点，旨在为学生提供更加个性化、智能化的学习支持。

虚拟教师具备强大的知识储备与实时交互能力。在该模式下虚拟教师大幅提升了教学全流程的效率，尤其是备课阶段，它能有效辅助教学设计，显著提高备课的效率与质量[1]。它不仅能够精通各学科的知识体系，还能根据学生的提问，迅速给出准确且详细的解答。在课堂上，当学生对某一复杂的知识点理解困难时，虚拟教师可以通过多种方式进行讲解，如利用动画演示定理的推导过程，结合实际生活中的例子帮助学生理解其应用场景。同时，虚拟教师能够实时响应学生的问题，无论何时何地，只要学生有疑问，都能及时获得反馈。此外，虚拟教师还具备智能辅导功能，它可以根据学生的学习进度和掌握情况，为学生制定个性化的学习计划，推荐针对性的学习资源，如练习题、拓展阅读材料等，帮助学生巩固知识、提升能力。

课堂行为建模是双师协同模式的重要支撑。通过在教室中设置的多模态传感器，

---

[1] 李浩君，黄沁儒，陈伟，等. 人智协同迭代共生教学模式研究——AIGC 的融入与实践效果分析 [J]. 现代教育技术，2025，35（1）：81-88.

系统能够实时收集学生的课堂行为数据，包括姿态、表情、眼神交流等。利用这些数据，结合先进的机器学习算法，对学生的课堂行为进行建模分析。通过分析学生的坐姿和眼神，可以判断其注意力是否集中；观察学生的表情变化，了解其对教学内容的兴趣和理解程度。基于课堂行为建模的结果，教师可以更好地了解学生的学习状态，及时调整教学节奏和方法。如果发现大部分学生注意力不集中，教师可以适当增加互动环节，提高学生的参与度；若发现部分学生对某个知识点理解困难，教师可以放慢讲解速度，增加更多的示例和解释。

智能教案生成也是双师协同模式的重要组成部分。在课堂教学中，智能教案生成系统可以根据课程目标、学生的学习情况以及教学资源库中的内容，自动生成一份详细的教案。教案中不仅包含教学大纲、教学重难点，还会根据多模态 AI 对学生学习风格和兴趣的分析，提供多样化的教学方法和活动建议。如对于喜欢视觉学习的学生，教案中会建议教师使用图片、视频等多媒体资源辅助教学；对于喜欢互动的学生，会设计小组讨论、角色扮演等活动。在课堂教学过程中，虚拟教师可以根据学生的实时反馈，如提问、课堂练习结果等，对教案进行动态调整。如果学生对某个文学作品的理解存在偏差，虚拟教师可以及时提供更多的背景知识和解读角度，帮助学生深入理解作品内涵。这种智能教案生成与双师协同的模式，能够充分发挥虚拟教师和真人教师的优势，提高课堂教学的效率和质量，促进学生的全面发展。

第三节　多模态 AI 驱动全资源育人模式的技术实现

一、技术路线的总体架构设计

1. 分层架构设计

多模态 AI 驱动全资源育人模式的技术路线依托分层架构设计，实现各功能模块的有序协作与高效运行。其中，基础设施层与算法层的协同关系尤为关键，它们共同为育人模式提供了坚实的技术支撑与智能决策能力。

基础设施层作为整个技术架构的基石，涵盖了云计算、5G 网络以及物联网终端等关键要素。云计算提供了强大的计算资源，能够满足多模态数据处理和 AI 模型训练的大规模运算需求。通过弹性计算和分布式存储，云计算确保系统可以根据实际负载动态调整资源配置，保障系统的稳定性和高效性。5G 网络的高速、低延迟特性，为实时数据传输提供了有力支持。在教育场景中，无论是课堂上学生的多模态数据采集，还是虚拟教师与学生之间的实时互动，都依赖于 5G 网络的快速数据传输，以实现流畅的交互体验。物联网终端则负责收集各类教育数据，如智能穿戴设备监测学生的生理状态、教室中的传感器捕捉学生的行为信息等。这些终端设备将物理世界与数字世界紧密连接，为多模态 AI 提供了丰富的数据来源。

算法层则是实现多模态 AI 智能决策的核心。跨模态融合模型、个性化推荐引擎以及动态规划算法等关键算法，在这里发挥着重要作用。跨模态融合模型能够将文本、语音、图像等不同模态的数据进行深度融合，挖掘数据间的潜在关联，从而更全面地理解学生的学习情况。个性化推荐引擎基于学生的学习画像和行为数据，为学生精准推荐合适的学习资源和教学策略。动态规划算法则用于优化教学过程，根据学生的实时学习状态和目标，动态调整教学计划和资源分配。

基础设施层与算法层之间存在着紧密的协同关系。基础设施层为算法层提供了运行环境和数据支持，而算法层则利用这些资源进行数据分析和模型训练，生成的决策结果又反馈给基础设施层，指导资源的进一步分配和调度。在智能教学系统中，云计算资源支持算法层对大量学生学习数据进行分析，算法层通过跨模态融合模型和个性化推荐引擎，为每个学生制定个性化学习计划，并将这些计划传输给物联网终端，如智能学习设备，以实现精准的学习资源推送和教学指导。

控制流响应机制确保系统能够对用户需求做出及时、准确的响应。当用户发起学习请求或系统监测到学生的学习状态发生变化时，控制流将触发相应的资源调度和策略生成流程。学生在课堂上提出一个问题，系统通过语音识别获取问题后，控制流将迅速引导算法层进行问题分析，并从教育资源库中筛选出相关的解答资源，然后通过交互层反馈给学生。这种实时响应机制保证了学生能够及时获得所需的学习支持，提高学习效率。

教育云平台采用类似的分层架构设计。在基础设施层，通过大规模的云计算集群提供强大的计算能力，利用高速网络连接各个学校和教育机构。在算法层，部署了先进的多模态 AI 算法，实现对学生学习数据的深度分析和个性化教学策略的生成。当学生登录平台进行学习时，平台能够根据学生的历史学习数据和实时行为，快速为其推荐合适的课程和学习资源。同时，教师也可以通过平台实时了解学生的学习情况，调整教学计划。这种分层架构设计和协同机制，使得教育云平台能够高效地服务于广大师生，提升教育教学质量。

2. 关键技术模块协同逻辑

多模态 AI 驱动全资源育人模式的有效运行，依赖于关键技术模块之间的紧密协同。将数据流闭环链路作为核心，确保了数据的有效采集、处理、分析和应用，为系统提供了持续优化的动力。

数据流闭环链路始于数据的采集。在教育场景中，多种数据源被广泛应用，包括课堂视频、智能穿戴设备、在线学习平台等。这些数据源收集的文本、语音、图像、生理信号等多模态数据，被传输到数据预处理模块。在这里，数据经过清洗、标注等操作，去除噪声和无效信息，使其符合后续处理的要求。随后，经过预处理的数据进入模型训练环节，算法层利用这些数据对跨模态融合模型、个性化推荐引擎等进行训练，不断优化模型的性能。训练好的模型应用于实际的教学场景中，对新采集的数据进行分析和预测，生成决策结果，如为学生推荐学习资源、调整教学策略等。这些决策结果又反馈到数据采集环节，进一步丰富和优化数据，形成一个完整的闭环。

实时响应策略是保障系统能够及时满足用户需求的关键。当学生或教师发起请求时，系统需要迅速做出响应。在课堂上学生通过语音提问，系统需要在短时间内识别问题、分析问题，并给出准确的答案。这就要求系统具备高效的实时处理能力。通过优化算法结构、采用并行计算等技术手段，系统能够快速处理请求，确保响应时间在可接受的范围内。同时，实时响应策略还需要考虑系统的稳定性和可靠性，避免因高并发请求导致系统崩溃。

模块接口标准确保了各个技术模块之间能够无缝对接和协同工作。在多模态 AI 系统中，不同的模块可能由不同的团队或供应商开发，因此统一的接口标准至关重要。数据采集模块和数据预处理模块之间需要定义明确的数据格式和传输协议，确保数据能够准确无误地传递。算法层的各个模型之间也需要遵循统一的接口规范，以便在调用和集成时能够顺利进行。通过制定和遵循这些接口标准，不同模块之间可以实现良好的兼容性和互操作性，提高整个系统的开发效率和可维护性。

在实际的教育应用中，一个智能教学系统涵盖了多个关键技术模块。数据采集模块通过教室中的摄像头和智能设备收集学生的课堂行为数据，这些数据按照既定的接口标准传输到数据预处理模块进行清洗和标注，经过处理的数据被用于训练个性化推荐模型。当学生在课后登录学习平台时，系统能够根据实时响应策略，快速为学生推荐合适的学习资源。这种基于数据流闭环链路、实时响应策略和模块接口标准的协同逻辑，使得智能教学系统能够高效、稳定地运行，为学生提供优质的教育服务。

二、多模态数据的采集与处理

1. 数据采集技术

在多模态 AI 驱动全资源育人模式中，数据采集技术是获取丰富且准确信息的关键，其中智能笔迹捕获原理为深入了解学生学习过程提供了独特视角。智能笔迹捕获技术基于先进的传感器和图像处理算法，能够精确记录书写过程中的各种细节。当学生使用配备该技术的书写工具在特制的书写板或纸张上书写时，传感器会实时捕捉笔尖的运动轨迹、书写压力变化以及书写速度等信息。这些数据通过无线传输或内置存储模块，被传输到后端系统进行分析。

从原理上看，传感器利用电磁感应、光学识别或电容触控等技术，将书写动作转化为电信号或数字信号。电磁感应技术在书写工具和书写表面内置微小的电磁感应线圈，当笔尖在书写表面移动时，会产生微弱的电磁信号变化，这些变化被精确检测并转换为数字数据，记录下书写的轨迹和压力信息。光学识别技术则通过高速摄像头或光学传感器，对书写过程进行实时拍摄和分析，利用图像识别算法提取书写的笔画和特征。电容触控技术则基于人体与书写表面之间的电容变化，感知书写动作。

生理信号监测方法也是数据采集的重要组成部分。生理信号能够反映学生在学习过程中的情绪状态、注意力水平和认知负荷等。通过智能手环等穿戴设备，可以监测学生的心率、血压、皮肤电反应等生理指标。心率的变化可以反映学生的兴奋、紧张或疲劳程度；皮肤电反应则与情绪的唤醒水平相关，当学生处于高度专注或情绪激动的状态时，皮肤电导率会发生变化。这些生理信号数据与其他多模态数据相结合，能够更全面地反映学生的学习状态。

结合穿戴设备应用来看，智能手环在教育场景中发挥着重要作用。当学生佩戴智能手环后，在课堂学习过程中，手环可以实时监测心率和运动步数等数据。如果学生的心率持续升高且运动步数减少，可能意味着学生处于高度紧张或专注的状态；反之，如果心率平稳且运动步数较多，可能表示学生注意力不够集中。教师可以通过后台系统实时获取这些数据，及时调整教学节奏和方法。当发现大部分学生心率过高时，教师可以适当安排休息或轻松的互动环节，缓解学生的紧张情绪；当发现部分学生注意力不集中时，教师可以通过提问或增加有趣的教学内容，吸引学生的注意力。智能手表还可以记录学生的睡眠质量数据，教师可以根据这些数据了解学生的休息情况，为学生提供更合理的学习建议。穿戴设备采集的生理信号数据为多模态 AI 驱动的全资源育人模式提供了丰富的信息，有助于实现更精准的教学和个性化的育人。

2. 数据预处理与融合

跨模态时间序列同步技术是多模态数据预处理与融合的核心环节，旨在解决不同模态数据在时间维度上的差异，确保数据的一致性和关联性，从而为后续的数据分析和模型训练提供高质量的数据基础。在教育场景中，多种模态的数据往往在不同的时间点产生，如教师的讲解语音、学生的课堂笔记文本以及摄像头捕捉到的学生表情图像等，它们的生成时间可能存在细微的差别。跨模态时间序列同步技术通过精确的时间戳标记和复杂的算法匹配，将这些不同模态的数据在时间轴上进行对齐。

该技术首先为每个模态的数据添加精确的时间戳，记录数据产生的时刻。然后，利用时间序列分析算法，对不同模态数据的时间序列进行匹配和校准。通过动态时间规整（DTW）算法，能够在不同长度和节奏的时间序列中找到最佳的匹配路径，实现时间上的对齐。在实际应用中，当分析学生的课堂学习情况时，通过跨模态时间序列同步技术，可以将教师讲解某个知识点的语音片段与学生在同一时刻的表情图像、笔记文本进行准确关联，从而更全面地了解学生在该知识点学习过程中的反应和理解情况。

"在联邦学习应用中，多个参与方服务器在不直接访问彼此隐私数据的条件下，协同训练各自的推荐模型，最终达到推荐效果优于本地单独训练模型的目的[1]。"不

---

[1] Yang Q，Fan L，Yu H. Federated learning：Privacy and incentive[M]. Cham：Springer，2020：225-239.

同学校或教育机构可能拥有各自的学生数据，但由于数据隐私和安全等原因，这些数据通常不能直接共享。联邦学习提供了一种解决方案，它允许各个参与方在不共享原始数据的前提下，联合进行模型训练。多所学校可以参与一个关于学生学习成绩预测的联邦学习项目。每所学校在本地利用自己的学生数据进行模型训练，然后将训练得到的模型参数上传到一个中央服务器。中央服务器对这些参数进行聚合和更新，再将更新后的模型参数分发给各个学校。各个学校使用更新后的参数继续在本地进行训练，如此反复迭代，最终得到一个基于多所学校数据训练的全局模型。"目前，联邦推荐系统的应用尚处于探索阶段，但已经引起了广泛的关注❶。"

　　隐私保护方案是多模态数据处理中不可忽视的重要方面。在采集和处理学生的多模态数据时，必须确保学生的个人隐私得到充分保护。差分隐私是一种常用的隐私保护技术，它通过在数据中添加一定的噪声来实现数据的匿名化处理。在收集学生的考试成绩数据时，为每个成绩添加一个随机噪声，使得即使数据被泄露，攻击者也无法准确推断出某个学生的真实成绩。同态加密技术也是一种有效的隐私保护手段，它允许在加密数据上进行计算，而无需解密数据。在多模态 AI 模型训练过程中，可以对数据进行同态加密处理，在加密状态下进行模型训练和参数更新，只有在最终得到结果时才进行解密，从而确保数据在整个处理过程中的隐私性。通过这些隐私保护方案，可以在充分利用多模态数据的同时，保障学生的个人隐私安全，为多模态 AI 驱动全资源育人模式的可持续发展提供有力支持。

三、多模态 AI 模型构建与优化

1. 核心算法选型

　　在多模态 AI 驱动全资源育人模式中，核心算法的选型至关重要，它直接决定了模型的性能和对教育场景的适配能力。Transformer 架构改良策略是提升多模态数据处理能力的关键一环。传统的 Transformer 架构在自然语言处理领域取得了显著成就，但在多模态场景下，需要进行针对性的改良以更好地融合文本、图像、语音等多种模态的数据。

---

❶ 李康康，袁萌，林凡. 联邦个性化学习推荐系统研究 [J]. 现代教育技术，2022，32（2）：118-126.

一种改良策略是引入多模态嵌入机制。对 CLIP 模型进行改良，使其能够更有效地将不同模态的数据映射到统一的特征空间中。通过设计特殊的嵌入层，将文本、图像等数据分别进行特征提取，然后利用可学习的参数将这些特征投影到共享的向量空间，从而实现跨模态的对齐和融合。这样，模型在处理多模态数据时，能够更好地捕捉不同模态之间的语义关联，提高对复杂教育场景的理解能力。在分析一段关于科学实验的教学视频时，改良后的 Transformer 模型可以同时理解视频中的图像信息（实验装置、实验操作）和语音讲解内容，准确把握实验的原理和步骤。

另一个改良方向是增强 Transformer 模型的长序列处理能力。在教育数据中，如学生的学习记录、课堂互动日志等，往往包含较长的序列信息。传统 Transformer 在处理长序列时可能会面临计算资源消耗大、效率低的问题。通过采用改进的注意力机制，如稀疏注意力、线性注意力等，可以降低计算复杂度，提高模型对长序列数据的处理效率。这使得模型能够更好地分析学生的学习过程，挖掘学习行为中的长期模式和趋势，为个性化学习路径规划提供更准确的依据。

强化学习奖励函数设计也是核心算法选型中的重要部分。在资源推荐策略优化方面，合理设计奖励函数能够引导模型不断学习并生成更优的推荐策略。奖励函数应综合考虑多个因素，如学生对推荐资源的满意度、学习效果的提升、资源的多样性等。当学生成功完成推荐的学习资源并在相关测试中取得进步时，给予较高的奖励；若推荐的资源与学生的兴趣和学习需求不匹配，导致学生参与度低，则给予较低的奖励。通过这种方式，强化学习模型可以根据奖励反馈不断调整资源推荐策略，提高推荐的精准度和有效性。

在数学课程的学习中，利用动态知识追踪（DKT）算法结合强化学习。DKT 算法通过分析学生的答题序列，预测学生对各个知识点的掌握状态。强化学习则根据学生的学习进展和反馈，动态调整后续的学习资源推荐。当学生在某一知识点上出现多次错误时，强化学习模型会增加针对该知识点的辅导资源推荐，并根据学生对这些资源的使用效果给予奖励或惩罚，促使模型不断优化推荐策略，帮助学生更好地掌握知识。这种核心算法的选型和结合，能够为多模态 AI 驱动的全资源育人模式提供强大的智能决策支持，提升育人效果。

2. 模型训练与调优

在多模态 AI 驱动全资源育人模式中，模型训练与调优是确保模型性能和适应性的关键步骤。教育领域预训练方法是提升模型对教育数据理解和处理能力的重要手段。由于教育数据具有独特的领域特征，与通用数据存在差异，因此需要在预训练阶段对模型进行领域自适应。

一种常用的教育领域预训练方法是基于教材、教案、试题等教育资源进行预训练。首先，将这些教育文本数据进行整理和标注，构建大规模的教育语料库。然后，利用预训练模型在该语料库上进行无监督学习，让模型学习教育领域的语言表达方式、知识结构和语义关系。在预训练语言模型时，通过让模型预测教材中的下一个单词或句子，使其逐渐掌握教育文本的语法规则和语义逻辑。这样，在后续的任务中，模型能够更快地理解和处理与教育相关的文本信息，如学生的作业、考试答案等，提高对学生知识掌握程度的评估准确性。

专家规则注入机制是进一步优化模型性能的重要方式。在教育领域，专家拥有丰富的经验和专业知识，将这些知识以规则的形式注入到模型中，可以增强模型的可解释性和决策的合理性。在评估学生的作品时，除了利用模型的自动评分算法，还可以引入数字媒体教育专家制定的评分规则，如语法正确性、内容完整性、逻辑连贯性等方面的规则。将这些规则与模型的学习结果相结合，能够提高作品评分的准确性和公正性。同时，专家规则的注入也有助于解释模型的决策过程，让教师和学生更好地理解模型的评估依据，促进教学改进和学习效果的提升。通过教育领域预训练、元学习和专家规则注入等方法，能够有效提升多模态 AI 模型在育人模式中的性能和适应性，为实现精准育人提供有力保障。

四、系统集成与平台开发

1. 多模态交互系统开发

多模态交互系统开发是多模态 AI 驱动全资源育人模式中实现人机高效互动的关键环节，其中虚拟教师 3D 建模流程为打造逼真、智能的教学助手奠定了基础。虚拟教师的 3D 建模是一个复杂且精细的过程，涉及多个技术步骤和艺术设计元素。首先是数据采集阶段，通过高精度的 3D 扫描仪对真实人物进行全方位扫描，获取其外貌特征、身体比例、面部细节等数据。同时，利用动作捕捉设备记录人物的各种动作姿态，如行走、站立、手势等，为虚拟教师赋予生动的肢体语言。

在建模阶段，专业的 3D 建模软件根据采集到的数据构建虚拟教师的基础模型。从简单的几何形状开始，逐步细化和优化模型的各个部分，包括面部轮廓、五官特征、身体结构等。建模师需要运用丰富的经验和专业技巧，确保模型的准确性和逼真度。在塑造面部表情时，要精确模拟肌肉的运动和皮肤的变形，使虚拟教师能够展现出自然、丰富的表情变化。

材质和纹理映射是为虚拟教师增添真实感的重要步骤。通过采集真实人物的皮肤纹理、衣物材质等信息，并将其映射到 3D 模型上，使虚拟教师看起来更加栩栩如生。同时，对虚拟教师的头发、眼睛等细节部位进行特殊处理，进一步提升其真实度。

情境化场景搭建标准旨在为学生创造沉浸式的学习环境，增强学习体验。场景搭建需要紧密围绕教学内容进行设计，根据不同学科和课程主题，创建相应的虚拟场景。场景的布局和元素设计要符合教学逻辑和认知规律，便于学生理解和探索知识。同时，要注重场景的交互性，学生能够与场景中的元素进行互动，如操作实验设备、与虚拟角色对话等，提高学生的参与度和学习积极性。

结合情感语音合成案例来看，情感语音合成技术为虚拟教师赋予了情感表达能力。通过分析文本的情感倾向，如喜悦、悲伤、鼓励等，利用语音合成算法生成相应情感的语音。在学生取得进步时，虚拟教师用充满喜悦和鼓励的语音给予表扬；当学生遇到困难时，以温和、安慰的语气提供帮助。这种情感化的语音交互能够增强学生与虚拟教师之间的情感连接，提升学习的趣味性和效果。通过精心设计的虚拟教师 3D 建模流程和情境化场景搭建标准，以及情感语音合成技术的应用，多模态交互系统能够为学生提供更加生动、智能、个性化的学习体验，促进教育教学的创新发展。

2. 教育资源共享平台

教育资源共享平台是多模态 AI 驱动全资源育人模式中实现资源整合与高效利用的重要支撑，其中区块链版权存证机制为保障资源创作者权益和资源质量提供了可靠保障。区块链技术具有去中心化、不可篡改、可追溯等特点，在教育资源版权存证方面具有独特优势。当教育资源创作者上传资源到共享平台时，系统会自动为该资源生成唯一的数字指纹，并将其存储在区块链上。同时，记录资源的创建时间、创作者信息等关键数据。这些数据以加密的形式存储在区块链的各个节点上，任何对资源的修改或传播都会在区块链上留下不可磨灭的记录。

一旦发生版权纠纷，通过查询区块链上的存证信息，可以快速、准确地确定资源的原始创作者和创作时间，为版权保护提供有力的证据。例如，某教师创作的一份优质教案在共享平台上被非法传播和使用，通过区块链版权存证，能够清晰地追溯到侵权行为的源头，维护创作者的合法权益。

智能合约分账逻辑是激励资源创作者积极贡献优质资源的重要机制。在教育资源共享平台上，智能合约可以自动执行资源交易和分账过程。当用户使用或下载付费资源时，智能合约会按照预设的规则自动将费用分配给资源创作者、平台运营方等相关方。设定资源销售收入的 70% 归创作者所有，30% 归平台运营方用于平台维护和发展。智能合约的执行过程透明、公正，无须人工干预，确保了各方利益的合理分配，激发了创作者的积极性，促进了优质教育资源的不断涌现。

标准化接口设计是确保教育资源共享平台能够与各种教育系统和资源进行无缝对接的关键，定义了统一的数据格式和接口规范。不同的教育机构和开发者可以按照这些标准将自己的教育资源接入平台，实现资源的共享和互用。学校的在线学习系统可以通过标准化接口与共享平台连接，获取平台上丰富的教学资源，并将本校的特色资源上传到平台，实现资源的共建共享。

通过区块链版权存证机制、智能合约分账逻辑和标准化接口设计，教育资源共享平台能够营造一个公平、有序、高效的资源共享环境，推动教育资源的广泛传播和充分利用，为多模态 AI 驱动全资源育人模式提供坚实的资源保障。

五、技术路线的动态优化与迭代

1. 在线学习机制

在线学习机制是保障多模态 AI 驱动全资源育人模式持续适应教育需求变化、保持高效运行的关键。模型实时更新策略是这一机制的核心，旨在确保模型能够根据最新的教育数据和学生学习反馈，及时调整和优化自身参数，以提供更精准的育人服务。模型实时更新策略依赖于对教育数据的持续监测和分析。在学生的学习过程中，系统会不断收集各类多模态数据，如课堂表现、作业完成情况、测试成绩等。这些数据被实时传输到模型训练平台，触发模型的更新流程。

资源自动适配方法是在线学习机制的重要组成部分。随着模型的更新，系统需要确保教育资源能够自动适配新的教学需求。这一过程基于模型对学生学习状态的分析结果，动态调整资源的分配和推荐。

2. 开发者生态构建

开发者生态构建是推动多模态 AI 驱动全资源育人模式不断创新和发展的重要举措。开放 API（应用程序编程接口）规范是吸引第三方开发者参与的基础，它为外部开发者提供了与系统进行交互的标准化方式。

开放 API 规范明确了数据输入输出的格式、调用方式以及权限管理等方面的要求。通过开放这些接口，第三方开发者可以将自己开发的教育应用、工具或资源与多模态 AI 驱动的全资源育人模式进行集成。开发者可以利用接口获取学生的学习数据，开发个性化的学习辅助工具；或者将自己创作的优质教育内容上传到系统中，实现资源的共享和传播。规范的 API 确保了不同开发者的贡献能够与系统无缝对接，促进了教育资源和技术的广泛交流与合作。

第三方贡献激励机制是激发开发者积极性的关键。为了鼓励更多的开发者参与到生态建设中来，需要建立一套合理的激励体系。这可以包括物质奖励和精神激励两个方面。在物质奖励方面，平台可以根据开发者贡献的资源或应用的使用频率、用户评价等指标，给予相应的经济回报。

生态治理框架是开发者生态健康发展的重要保障。它需要建立一套完善的规则和机制，对开发者的行为进行规范和引导。制定资源审核标准，确保上传到平台的教育资源质量可靠、符合教育目标和道德规范；建立用户反馈机制，及时处理用户对开发者贡献的资源或应用的投诉和建议；加强知识产权保护，维护开发者的合法权益。通过有效的生态治理框架，营造一个公平、有序、创新的开发者生态环境，吸引更多的开发者参与到多模态 AI 驱动全资源育人模式的建设中来，共同推动教育事业的发展。

多模态 AI 驱动下的
全资源育人模式
课程体系重构

Multimodal AI

第一节　课程重构的理论基础与价值逻辑

一、教育技术哲学视角下的课程本体论重构

1. 技术具身性与知识存在形态的转变

在教育领域，技术的引入不仅改变了教学方法和学习工具，更深刻地影响了知识的本质和存在方式。海德格尔（Martin Heidegger）在其技术哲学中提出，技术不仅是工具，更是人类存在的一种方式。他强调，技术具身性（embodiment）使得人类与世界的关系发生了根本性变化。在教育中，技术具身性促使知识从静态的"现成存在"转向动态的"生成存在"，即知识不再是固定的实体，而是一个持续生成和演化的过程。

2. 数字孪生与知识生成

数字孪生（Digital Twin）技术通过创建物理实体的虚拟副本，实现了物理世界与数字世界的实时互动。在教育中，数字孪生使得知识的呈现不再是静态的，而是动态生成和自我更新的过程。如在医学教育中，数字孪生技术可以模拟人体器官的虚拟模型，学生可以通过与这些模型的互动，实时获取反馈，深化对人体结构和功能的理解。这种动态生成的知识体系，打破了传统教材的局限，使学习者能够在虚拟环境中进行实践，提升学习效果。

数字孪生技术还可以通过创建虚拟的学习环境，使课程内容能够根据学生的学习进度和需求动态生成。这种技术的应用，使知识的呈现更加灵活和个性化。在建筑设计课程中，学生可以通过数字孪生技术创建虚拟建筑模型，实时调整设计参数，观察不同设计对建筑性能的影响。

3. 三重模态演化

知识的呈现经历了从符号表征到虚拟具象，再到增强现实（AR/VR）的演化过程。在符号表征阶段，知识主要通过文字和图像等符号传递，学习者需要通过解码

这些符号来理解知识。随着技术的发展，虚拟具象阶段的到来，使得知识以三维模型、动画等形式呈现，学习者可以直观地观察和操作这些模型，增强了学习的沉浸感和互动性。进一步地，增强现实技术的应用，使得虚拟信息与现实世界相融合，学习者可以在现实环境中与虚拟对象进行交互，提升了学习的真实性和参与感。根据相关研究，AR/VR 技术在教育中的渗透率已达到 67%，显示出其在教学中的广泛应用和潜力。

4. 实证研究：THU-EDU 数据集分析

认知生态位理论（Cognitive Niche Theory）是一种从生物学衍生而来的理论，用于描述在特定生态环境中，个体如何通过适应其环境来获取资源。在教育学中，认知生态位理论框架的引入，强调了学生在学习过程中如何通过多样化的认知资源和互动方式来优化其认知成果。特别是在多模态 AI 的驱动下，学生能够获取的认知资源变得更加丰富，课程内容的呈现方式也趋向多元化，这对认知生态位的宽度（Cognitive Niche Breadth，CNB）产生了深远影响。

"认知生态位宽度"是指学生在学习过程中能够接触到并有效利用的各种资源的丰富度。认知生态位宽度不仅仅体现在知识资源的多样性上，还体现在学习工具、学习方式和学习环境的多样化中。在传统教育模式中，学生的认知生态位宽度较为狭窄，主要由教材、课堂讲授和教师提供的资源构成。而在多模态 AI 的支持下，学生可以通过虚拟实验、智能辅导、即时反馈系统、在线互动平台等多种渠道获取学习资源，从而拓宽了他们的认知生态位宽度。

通过 THU-EDU 数据集的实证分析，我们发现认知生态位宽度与学生的学业成就之间存在显著的正相关关系，相关系数 $r=0.73$。这一结果表明，当学生的认知生态位宽度越大，他们在学业成就上表现得越好。通过优化认知生态位，学生能够接触到更多样化的学习资源、更多样的学习方式和更广阔的学习空间，从而促进其认知发展和学业成绩的提升。因此，在课程重构过程中，如何通过多模态 AI 技术进一步拓展学生的认知生态位，成为一个至关重要的问题。研究表明，认知生态位宽度越大的学生，其学业成就也越高。通过拓宽学生的认知生态位宽度，可以有效提高其学业成就。在课程中，学生在不同类型的问题中的表现，也可以反映其认知生态位宽度。通过 CNB 模型，验证课程多样性与学生学业成就之间的关系。

研究方法：

基于大规模教育数据集（THU-EDU），计算学生 CNB 值。通过皮尔逊相关系数（r）检验 CNB 与学业成就的相关性。CNB 公式通过信息熵原理，将认知资源的多样性与均衡性转化为可量化指标。

CNB 公式的数学表达为：

$$\text{CNB} = \sum_{i=1}^{n} \frac{S_i}{S_{\text{total}}} \ln\left(\frac{S_{\text{total}}}{S_i} \right)$$

符号定义：

S_i：学生在第 i 类认知资源上的表现或利用量（如使用时长、任务得分）。

S_{total}：所有资源的总利用量，即 $S_{\text{total}} = S_1 + S_2 + \cdots + S_n$。

n：认知资源类别的总数（如 AI 工具、协作学习等）。

$\ln\left(\dfrac{S_{\text{total}}}{S_i} \right)$：衡量资源利用均衡性的信息熵项。

公式意义：

高 CNB：资源利用分布均匀（如多工具均衡使用），反映认知生态位宽广。

低 CNB：资源集中于少数类别（如仅依赖教材），反映认知生态位狭窄。

结果：

相关系数 $r = 0.73(p < 0.001)$，表明 CNB 与学业成就呈显著正相关。

二、多模态 AI 驱动的课程价值转向

1. 从知识传递到认知导航的范式变革

在传统的教育模式中，课程的核心目标通常是知识的传递和技能的培养，学生的角色多为被动接受者。然而，随着多模态 AI 的介入，课程设计与实施逐渐从单纯的知识传递转向了认知导航。认知导航是一种基于学生个体需求和认知特征的教学方法，旨在引导学生主动参与学习并探索自己的学习路径。通过对学生认知状态、情感反馈、学习进度等数据的实时监控，AI 能够动态调整教学内容和方式，从而帮助学生在个性化的学习轨迹上取得最佳的学习效果。

课程目标的重构由单一的"知识掌握度"维度扩展为三维度：知识掌握度（K）、

能力发展度（C）和素养生长度（L）。这三维度的设计反映了从基础知识传授到综合素质培养的全面转变。

知识掌握度（K）：传统课程中关注的主要维度，反映学生对课程内容的理解与记忆能力。

能力发展度（C）：除了知识掌握外，课程越来越关注学生解决实际问题的能力，尤其是在复杂、动态的情境下运用所学知识的能力。

素养生长度（L）：强调学生在课程学习过程中的综合素养，特别是在面对未知问题时的适应能力和终身学习的准备程度。

通过多模态 AI 的辅助，这三维度的课程目标不仅可以实时跟踪和评估学生的学习进度，还能够根据学生的表现动态调整学习路径。在 AI 驱动的个性化学习系统中，若学生在某一知识点上表现薄弱，AI 将自动推荐补充学习内容，而在能力或素养维度上表现突出的学生，则可能会进入更具挑战性的学习任务。通过这一过程，AI 不仅能够帮助学生深化现有知识，还能够通过推送与其发展需求相符的内容，引导学生在能力和素养上获得长足进步。

课程目标的动态调整机制正是这一转变的核心技术支持。通过强化学习模型，AI 能够根据学习过程中获得的反馈，优化课程内容和目标的配置，从而实现学生的个性化成长。AI 系统可以根据学生的学习反馈调整课程的难度、内容的深度以及任务的多样性，确保学生在知识掌握的基础上，逐步培养解决问题的能力，并最终具备独立应对复杂问题的素养。

2. 教育公平性的技术实现路径

教育公平性是教育体系中长期面临的核心问题之一，尤其是在多模态 AI 驱动的环境下，如何确保技术赋能不导致教育资源的再次分配不均，成为一个亟待解决的挑战。随着数字技术的快速发展，虽然技术为许多学生提供了新的学习机会，但其背后蕴含的资源不均衡问题依然存在。基于此，如何通过技术手段确保教育资源的公平分配，成为多模态 AI 驱动下课程体系重构的一个重要议题。

多模态 AI 技术通过智能化、精准化的手段，能够实现教育资源的动态补偿，具体实现方式是建立课程资源补偿模型。该模型基于学生所在区域、家庭背景、文化环境等因素，实时计算资源差距并进行动态调整。针对学习资源贫乏的地区或家庭，系统可以通过自动化工具提供更多的在线资源、远程辅导和智能答疑等服务，以弥补传统教育模式下的资源缺失。

在这种补偿机制中，补偿系数是关键参数，其值会根据区域发展指数等变量进行动态调整。若某一地区或群体的教育资源相对匮乏，则 AI 系统将自动加大对该群体的资源投入，包括引入更多定制化的学习资源、课程材料和互动平台。此外，补偿机制还会依据学生的实时学习反馈进行调整，确保那些具有学习潜力但资源匮乏的学生能够获得足够的支持。

在教育实践中，AI 可以通过分析学生的学习数据，识别其在某些领域的短板，并推荐额外的辅导资源或优化课程设计，从而帮助这些学生在资源匮乏的环境中脱颖而出。这种补偿机制不仅有课本知识的补充，还包括学习方式、学习方法以及情感支持等多方面的补充，最终目标是实现全面的教育公平。

通过这种动态调整的机制，不仅能够增加个体学生的学习机会，还能从根本上推动教育资源的均衡配置，尤其是通过技术手段支持那些本来资源薄弱的群体和地区，实现真正意义上的教育公平。

补偿系数的动态调整基于学生的学习数据和反馈，确保资源分配的公平性和有效性。在数学课程中，系统可以根据学生的学习进度和掌握情况，动态调整教学资源的分配，确保每个学生都能获得适合自己的学习支持。

建立课程资源补偿模型，根据学生的个体差异和学习需求，动态调整补偿系数，确保每个学生都能获得足够的课程资源。在偏远地区或教育资源匮乏的地区，通过课程资源补偿模型，可以为这些地区的学生提供更多的优质课程资源，缩小与发达地区学生的教育差距。

第二节　课程目标与内容体系的重构

一、动态生成的课程目标体系

1. 知识维度

传统目标（知识点覆盖率）：传统课程目标通常关注知识点的覆盖程度，即课程内容是否涵盖了学科领域的所有重要知识点。这种目标设定方式较为静态，难以适应快速变化的教育需求。

AI 增强目标（知识图谱连通度）：在 AI 驱动的课程目标体系中，知识图谱连通度成为新的关注点。知识图谱通过节点和边的形式表示知识点及其关系，连通度反映了知识点之间的关联程度。高连通度的知识图谱能够帮助学生更好地理解知识的内在逻辑，促进深度学习。

测量方法（图神经网络嵌入分析）：利用图神经网络（GNN）技术，可以对知识图谱进行嵌入分析，生成低维向量表示。通过计算节点之间的距离和相似度，评估知识图谱的连通度。这种方法能够量化知识之间的关系，为课程目标的设定提供数据支持。

2. 能力维度

传统目标（问题解决能力）：传统课程目标注重培养学生的问题解决能力，但往往缺乏具体的评估方法和标准。

AI 增强目标（人机协作效能指数）：在 AI 驱动的课程目标体系中，人机协作效能指数成为新的评估指标。该指数通过测量学生与 AI 系统在协作任务中的表现，评估学生在人机协作环境中的能力。具体指标包括任务完成时间、错误率、协作频率等。

测量方法（多模态交互日志分析）：通过收集和分析学生与 AI 系统交互的日志数据，包括文本、语音、手势等多种模态的数据，可以全面评估学生的人机协作能力。这种方法能够提供丰富的数据支持，帮助教师更好地了解学生的能力发展情况。

3. 素养维度

传统目标（价值观养成）：传统课程目标注重学生价值观的培养，但往往缺乏具体的评估方法和标准。

AI 增强目标（数字公民意识成熟度）：在 AI 驱动的课程目标体系中，数字公民意识成熟度成为新的评估指标。该指标通过测量学生在数字环境中的行为和态度，评估其数字公民意识的发展水平。具体指标包括数字素养、网络道德、信息安全意识等。

测量方法（情境化测评 + 生物信号融合）：通过设计情境化的测评任务，结合生物信号（如心率、皮肤电导率等）的测量，可以全面评估学生的数字公民意识。这种方法能够提供丰富的数据支持，帮助教师更好地了解学生的价值观和行为模式。

4. 发展维度

传统目标（学业成就）：传统课程目标通常以学业成就为主要评估指标，但往往缺乏对学生终身学习能力的关注。

AI 增强目标（终身学习准备度）：在 AI 驱动的课程目标体系中，终身学习准备度成为新的关注点。该指标通过测量学生的学习动机、自我调节能力、学习策略等，评估其终身学习的准备程度。

测量方法（强化学习策略预测）：利用强化学习算法，可以预测学生在不同学习情境中的表现，评估其终身学习的准备程度。这种方法能够提供个性化的学习建议，帮助学生更好地规划自己的学习路径。

以上四个维度的课程目标框架见表 5-1。

表 5-1　四维目标框架设计

维度	传统目标	AI 增强目标	测量方法
知识维度	知识点覆盖率	知识图谱连通度	图神经网络嵌入分析
能力维度	问题解决能力	人机协作效能指数	多模态交互日志分析
素养维度	价值观养成	数字公民意识成熟度	情境化测评＋生物信号融合
发展维度	学业成就	终身学习准备度	强化学习策略预测

二、目标动态调整机制

1. 基于 LSTM 的目标演进预测模型

模型介绍：长短期记忆网络（LSTM）是一种特殊的循环神经网络（RNN），能够处理和预测时间序列数据中的长期依赖关系。在课程目标动态调整中，LSTM 模型可以基于历史数据预测课程目标的演进趋势，帮助教师及时调整课程目标，确保课程内容的时效性和适应性。

预测误差率：通过实验验证，该模型的预测误差率小于 8.7%，表明其具有较高的预测准确性。

2. 多模态 AI 驱动的课程内容生成

基础层（知识图谱自动扩展）：知识图谱自动扩展机制通过自动采集和整合各种

知识资源，不断扩展知识图谱的节点和边。利用自然语言处理（NLP）技术和知识图谱构建技术，系统能够自动从文本、图像、视频等多种资源中提取知识，并将其整合到知识图谱中。这种方法不仅提高了知识图谱的构建效率，还确保了知识的准确性和完整性。

规则层（教育专家定义的内容生成约束条件）：教育专家根据教学经验和学科知识，定义了一系列内容生成的约束条件，确保生成的课程内容符合教学目标和学生需求。在某门课程中，专家定义了 132 项教学原则，包括知识点的难易程度、教学方法、评估标准等。通过规则引擎技术，系统能够根据专家定义的规则，自动筛选和生成符合要求的课程内容。这种方法不仅提高了内容生成的效率，还确保了内容的质量和适用性。

涌现层（多模态 AI 驱动的创造性内容生成）：利用 DeepSeek 等先进的语言模型，系统能够生成具有创造性的课程内容。通过微调和强化学习技术，系统能够根据课程目标和学生需求，生成个性化的课程内容。这种方法不仅提高了内容生成的多样性，还确保了内容的针对性和有效性。

通过动态生成的课程目标体系和智能涌现的课程内容生成机制，可以实现课程目标与内容体系的全面重构。四维目标框架设计和目标动态调整机制为课程目标的设定和调整提供了科学依据，确保课程目标的动态性和适应性。内容生产的三级机制和多模态内容适配模型为课程内容的生成和适配提供了技术支持，确保课程内容的多样性和针对性。未来的研究可以进一步探讨多模态 AI 在课程目标与内容体系重构中的应用，以及如何通过技术手段提高教育质量和促进教育公平。

第三节　课程实施模式的创新路径

一、虚实融合的教学场景构建

1. 元宇宙教室的拓扑结构

当下，传统的教学模式和方法逐渐难以适应现代教育的需求。在信息技术与人工智能的推动下，课程实施模式的创新成为提升教学效果和质量的重要路径。本节提出的创新路径主要围绕虚实融合的教学场景构建与人机协同的教学过程优化展开，旨在通过技术手段提升教学互动、学习效率和个性化教学服务。

虚拟现实（VR）、增强现实（AR）以及元宇宙等技术的出现，促使教学场景的构建走向虚实融合。通过这些技术的集成，教育者能够在数字化空间中创造出多维度、沉浸式的学习体验，使得教学环境不仅仅局限于物理课堂，还包括虚拟空间中的交互与协作。这种虚实融合的教学模式打破了时空的限制，为学生提供更加多元的学习方式。

元宇宙作为一种新的数字教育空间，能够提供交互式、沉浸式的教学体验。为了有效地整合虚拟与现实的教学资源，构建一个高效、可持续的元宇宙教室，本节提出了一种五层架构模型，分别为物理设备层、数字孪生层、数据感知层、智能计算层和交互呈现层。该架构能够有机地将虚拟世界和现实世界的教学元素融合，形成一个高效的交互式教学环境。

物理设备层：包括 VR/AR 设备、传感器、交互设备等硬件基础设施，提供物理世界与数字世界之间的感知接口。

数字孪生层：通过数字化手段对物理空间进行虚拟建模，创建与现实世界同步的虚拟环境。数字孪生不仅能够反映现实世界的动态变化，还能提供更为细致的教学模拟与仿真。

数据感知层：通过各类传感器与设备实时收集学生的行为数据、情感数据以及学习进度。这一层为教学决策和个性化反馈提供了关键的数据支持。

智能计算层：这一层依托人工智能技术，进行数据处理、分析与推理，支持个性化学习路径的规划与动态调整。AI 系统根据学生的学习表现、反馈数据和行为模式，优化教学内容和学习策略。

交互呈现层：该层通过沉浸式呈现技术，如 AR/VR 设备，实现与虚拟空间的实时交互，增强学生的参与感和沉浸感，提升教学体验的交互性和可视化效果。

通过这五层架构的有机结合，虚拟与现实的教学场景能够实现高效的协同与互补，为教学过程提供更高效的支持。

2. 北京大学"元课堂"案例

北京大学通过其"元课堂"项目，成功实践了虚实融合的教学模式。该项目基于五层架构的元宇宙教室，实施了多校区同步教学，其时延控制在 15ms 以内，极大地保证了教学互动的实时性与流畅性。通过高效的网络技术与实时互动机制，学生能够在虚拟环境中与教师进行无缝对接，并通过数字化资源进行深度学习。该项目的成功实施，不仅突破了传统教学的时空局限，也为虚拟教室的可持续发展提供了有效的技术验证。

3. 增强现实教学工具开发

基于增强现实（AR）技术：开发创新的空间计算教学工具已成为当前教育技术发展的一个重要方向。AR 技术通过将虚拟对象叠加到现实世界中，使学生能够在实际的物理环境中进行互动与操作，从而提升学习的沉浸感和实际操作的准确性。增强现实（AR）技术通过将虚拟信息叠加到现实世界中，为教学提供了全新的互动方式。通过开发创新的空间计算教学工具，可以实现虚拟与现实的有效交融，提升教学效果。

ARKit 的空间计算系统：ARKit 是苹果公司开发的增强现实开发平台，广泛应用于教育领域。在物理实验教学中，AR 技术能够精确地模拟实验过程并实时显示实验结果，帮助学生更好地理解复杂的物理概念与原理。例如，学生在进行电路实验时，AR 技术可以帮助学生实时看到电流、功率等关键物理量的变化，从而更加直观地理解电路的工作原理。

实验数据分析：对基于 AR 技术进行的实验数据进行分析，研究表明，使用 AR 技术后，实验操作误差降低了 62%，学生对概念的理解速度提升了 41%。这些结果表明，AR 技术不仅能够提高学生在物理实验中的操作精度，还能显著提升学生对复杂概念的理解能力。

二、人机协同的教学过程优化

人工智能的快速发展不仅改变了教育工具的使用方式，也推动了教学过程的优化与改进。人机协同在教学中的应用，能够有效提升教学的个性化程度和教学资源的合理配置，从而实现更加精准和高效的教育服务。

1. 教学任务动态分配模型

在传统教学模式中，教师承担了大量的教学任务，如授课、批改作业、评估学生表现等。然而，这种模式存在较大的时间压力与资源浪费问题。为了解决这一问题，本文提出基于纳什均衡的任务分配模型，旨在优化教师与 AI 系统之间的任务分配，提升教学效率与协同性。

纳什均衡模型的应用：通过构建纳什均衡模型，能够确保教学任务在教师和 AI 之间的合理分配。在这种模型下，AI 可以承担大部分标准化教学任务，如作业批改、评估反馈等，减轻教师的负担，从而使教师能够更加专注于高阶的教学任务，如个性化辅导、思维引导等。

任务分配与资源配置的最优性：根据模型的计算结果，AI 系统能够承担约 72% 的标准化教学任务，而教师则主要负责高阶的教学互动与指导。这种任务分配方式不仅提高了教学效率，也优化了教育资源的配置，使得教师能够在更高层次上发挥其教育优势。

2. 即时性教学反馈系统

即时性教学反馈系统的核心在于通过实时获取学生的行为数据，及时调整教学内容和教学策略。这一系统通过集成多种感知技术，如眼动追踪、语音情感分析和交互行为数据采集等，为教师和 AI 系统提供了实时的学习诊断和反馈。

多模态数据的整合：眼动追踪、语音情感分析、交互行为等多模态数据能够提供关于学生学习状态的全面信息。通过眼动追踪技术，教师可以实时了解学生的注意力集中情况；语音情感分析能够识别学生在学习过程中的情感波动，从而为教学调整提供及时反馈。

响应延迟分析：在传统的教育模式中，反馈的延迟往往会影响教学效果，而通过实时采集与处理这些多模态数据，可以确保反馈的即时性与准确性。研究表明，集成该类即时反馈系统后，学生的学习成绩平均提升了 15%，并且学习动力也有显著的提升。

随着技术的不断进步，教育模式的创新也迎来了前所未有的机遇。虚实融合的教学场景以及人机协同的教学过程优化，不仅能够有效提升教学的互动性和个性化，还能够更好地满足学生的多样化学习需求。通过技术手段实现教学的智能化、个性化和精准化，未来的教育将不再局限于传统的教学模式，而是朝着更加灵活和创新的方向发展。

第四节　教师角色转型与能力重构

随着人工智能技术和数字化教育资源的不断进步，教师在教学中所承担的角色和职责发生了深刻的变化。传统的教学模式和教师职能逐渐向数字化、智能化转型，教师不仅要具备传统的教学技能，还需要掌握新兴的技术手段、数据分析能力、伦理判断力等多方面的能力。这一变化要求教师在教育技术的运用和教学方法的创新中不断提升自我，推进其在数字教育环境中的能力重构。

一、教师技术接受度模型构建

1. 扩展 TAM 的实证研究

传统的 TAM（技术接受模型）主要探讨了感知易用性（PEOU）与感知有用性（PU）对用户行为意图（BI）的影响。在教育技术的应用中，教师的技术接受度直接影响其对新技术的采纳与使用程度。然而，单纯依赖 PEOU 与 PU 变量并不能完全揭示教师在数字教育环境中的技术接受过程。为了弥补这一不足，本研究提出了一种扩展的 TAM，将伦理焦虑（EA）和组织支持感（POS）纳入模型，以更全面地解释教师在面对新兴教育技术时的心理反应和外部支持作用。

感知易用性（PEOU）与感知有用性（PU）：研究表明，教师对技术的感知易用性和感知有用性是决定其接受度的核心因素。教师越认为技术易于使用且能够提升教学效果，其接受度越高。尤其是在 AI 技术应用中，教师对技术的理解度与适应度对其行为意图的形成具有重要影响。感知易用性主要评估的是教师们使用新技术的难易程度，包括了技术的操作便利性、界面直观性、技术支持的可获得性等方面。如果一个新的在线教学平台操作复杂，需要教师花费大量的时间去学习和适应，那么他们对该平台的感知易用性就会降低，从而影响他们使用该平台的意愿。在 AI 技术的应用中，教师对技术的理解度与适应度对其行为意图的形成具有重要影响，教师对技术的感知易用性和感知有用性是决定其接受度的核心因素。因此，在推动教育技术的应用时，我们需要充分考虑到这两个因素，以确保技术的引入能够真正提升教学效果和学习效果。

伦理焦虑（EA）：伦理焦虑是指教师在面对 AI 技术时所产生的道德、伦理上的担忧，尤其是在学生数据隐私、人工智能决策透明度等问题上。伦理焦虑作为教师技术接受度的一个新维度，能够影响其对教育技术的认同度和使用意图。教师在面对 AI 系统时的伦理焦虑可能导致其对技术应用的抵触心理，进而影响其教学行为。这种焦虑主要源于对学生数据隐私的关注，以及对人工智能决策透明度的疑虑。一些教师可能会担心，当 AI 系统用于分析学生的学习数据时，这些敏感信息可能会被不当使用或泄露给第三方。另外，教师可能会对 AI 系统的决策过程的不透明感到担忧，因为它们的决策逻辑可能是黑箱操作，这可能会影响教师对 AI 技术的信任度。这种对 AI 技术的抵触可能会导致教师在教育技术的使用上出现犹豫和焦虑，从而影响他们的教学效果。因此，解决教师的伦理焦虑，提高其对 AI 技术的认同度和使用意图，是当前教育技术发展中的重要课题。

组织支持感（POS）：组织支持感则反映了教育机构对于教师技术应用的支持程度，包括提供的培训、资源支持以及技术应用环境的建设。研究表明，教育机构的支持感能够显著降低教师的伦理焦虑，提升其技术接受度。教师感受到较强的组织支持时，通常更愿意尝试并接受新的教育技术，将其作为推动技术创新和应用的重要力量。

模型拟合度：模型拟合良好，CFI（比较拟合指数）值为 0.927，RMSEA（近似误差均方根）值为 0.043，符合结构方程模型的拟合标准，证明了扩展 TAM 的合理性和有效性。研究结果为教师技术接受度的提升提供了理论依据，尤其是在技术部署和教师培训过程中，教育组织应更加关注教师的伦理焦虑和组织支持感。模型拟合度是建立模型和验证模型的关键指标之一。在本次研究中，我们构建了一个扩展的技术接受模型（TAM）来研究教师对新技术的接受度。根据模型拟合的各项指标，我们可以判断模型构建的质量和预测能力。模型拟合度的 CFI 值为 0.927，接近 1，这意味着模型拟合良好。CFI 值越接近 1，表示模型对数据的拟合度越高，模型的预测能力也越强。RMSEA 值为 0.043，小于 0.05 的常用阈值，这也表明模型拟合度较好。RMSEA 值越小，说明模型的预测误差越小，模型的拟合度越高。

这些高质量的拟合指标为我们的研究提供了有效的保障，证明了扩展 TAM 的合理性和有效性。我们可以有足够的信心认为这个模型可以有效预测教师对新技术的接受度。

2. 伦理焦虑与技术接受度

在技术快速发展和 AI 技术广泛应用的今天，教师的伦理焦虑逐渐成为影响其技术接受度的重要因素。伦理焦虑主要来源于教师对学生数据隐私的担忧、对 AI 算法透明度的质疑以及对自动化决策过程可能导致的公平性问题的忧虑。为了更好地理解伦理焦虑对教师技术接受度的影响，本部分深入探讨了伦理焦虑与技术接受度之间的关系，并提出在技术应用过程中如何缓解伦理焦虑以促进技术接受度的提高。

数据隐私与安全问题：教师担心学生的个人数据（如学习行为数据、考试成绩等）在 AI 系统中的存储和使用是否会侵犯学生隐私。在 AI 系统的应用过程中，我们需要更加重视数据隐私和安全问题。这需要我们在技术、法规和伦理等多个层面进行考虑和探讨，以确保在享受 AI 带来的便利的同时，也能保护好每一个学生的隐私。

算法透明度问题：许多 AI 教育工具和平台的算法缺乏透明度，教师难以理解AI 系统如何做出决策，进而产生对技术的信任危机。这种算法的不透明性，对于教师来说，无疑是一个巨大的挑战。因为，教师在使用 AI 教育工具和平台的过程中，需要根据 AI 系统的决策结果来调整自己的教学策略和教学方法。然而，如果教师无法理解 AI 系统的决策过程，那么他们就无法对 AI 系统的决策结果进行有效的评估和反馈，也就无法根据 AI 系统的决策结果来调整自己的教学策略和教学方法。更为重要的是，这种算法的不透明性，还可能引发教师对 AI 系统的信任危机。因此，如何提高 AI 教育工具和平台的算法透明度，已经成为当前教育技术发展中的一个重要问题。只有提高算法的透明度，才能增加教师对 AI 系统的理解和信任，才能更好地推动 AI 教育的发展。

技术失业的担忧：在部分教师群体中，存在着对 AI 取代教师角色的担忧。尤其是在教学评估和作业批改等标准化任务中，AI 系统可以承担大部分工作。这种变化让一些教师开始担忧自己的工作会被 AI 系统取代，他们担心自己的专业技能和经验会因此而变得没有价值，甚至可能会因此而失业。这种担忧在一些教师中尤其严重，因为他们看到了 AI 技术在教育领域的应用越来越广泛，也看到了 AI 系统在教学评估和作业批改等任务中的表现越来越优秀。

针对这些伦理焦虑，可采取以下几种方法。

增强教育透明度：教育机构应加强 AI 技术和应用的透明度，向教师清晰说明

AI 系统如何工作，如何保护学生数据隐私，如何确保算法决策的公平性与透明度。

提供伦理培训与支持：教育组织可以为教师提供技术伦理培训，使其能够理解 AI 技术背后的伦理框架，提高对 AI 的接受度。

加强教师与 AI 的合作：在教学设计中，应强调 AI 作为辅助工具的作用，而不是替代教师，从而减少教师对"技术取代"的心理焦虑。

二、构建数字教师能力标准体系

随着教师角色的转型，数字化能力已成为教师的核心素养之一。为了促进教师的专业发展，明确教师在数字教育环境中的能力要求，本文提出了数字教师的"三维九力"能力模型，并设计了教师能力发展成熟度模型，用以评估和指导教师的能力提升。

1. 三维九力模型构建

对数字教师的能力要求不仅限于具备传统的教学技能，还需要在技术、教育和伦理等多维度上进行全面的能力培养。为此，本文提出了多模态 AI 驱动下的数字教师的"三维九力"能力模型，该模型将教师的数字能力划分为技术维度、教育维度和伦理维度，并在每个维度下设立若干核心能力要素，详见表 5-2。

表 5-2　多模态 AI 驱动下的数字教师三维九力

维度	能力要素	培养路径
技术维度	算法素养	教育 AI 系统操作认证
	数据检索能力	AI 驱动的多模态高效检索
	数据分析能力	学生数据驱动的精准教学培训
	AI 工具使用能力	智能教学平台与虚拟实验室应用培训
教育维度	混合教学设计能力	人机协同教学实训
	人机协同教学能力	AI 辅助教学项目实战
	教学内容生成能力	个性化教学内容设计工作坊
伦理维度	技术风险预见能力	数字伦理与技术风险课程培训
	数字伦理决策能力	数字伦理决策模拟训练

2. 能力发展成熟度模型

教师的数字能力不是一蹴而就的，教师在数字教育环境中的专业发展需要一个逐步提升的过程。为此，本研究设计了五级能力发展成熟度模型，从初级到高级逐步评估教师在数字教学中的能力提升。

初级（初识阶段）： 教师对数字教育工具和技术的理解较为初步，主要依赖传统教学方法，少量使用数字工具。

发展阶段： 教师开始尝试使用各种数字工具，但在教学中的应用仍不够深入，更多地依赖于传统的教学方式，技术的整合仍处于探索阶段。

中级阶段： 教师能够在教学中较为熟练地使用数字工具，且开始设计与学生个性化学习需求匹配的数字教学内容。此时，教师在教学方法上出现了混合式教学的应用，并能够较好地运用 AI 辅助教学。

高级阶段： 教师能够独立进行基于数据分析的个性化教学设计，熟练使用 AI 工具进行学生表现分析，并能根据分析结果进行课程调整。同时，教师在教学中能够深刻理解并运用教育技术的伦理框架，具备较高的技术风险预见能力。

专家阶段： 教师不仅精通数字教育工具的使用，还能创新性地设计教学方法，深刻把握技术在教育中的潜力与风险，并能够引领其他教师的专业发展。此时，教师已能在教育领域内提供技术层面的深度反馈，并推动技术与教育的深度融合。

通过对教师成长轨迹证据链的系统收集与分析，本模型能够为教育工作者提供清晰的能力发展路径，并为教师的数字能力提升提供定量化、系统化的标准和评价体系。

多模态 AI 驱动全资源
育人模式的教学策略
与活动设计

Multimodal AI

第一节 基于全资源育人的项目制教学法的应用

一、项目制教学法的核心理念与范式重构

1. 教育目标的迭代升级

传统教育模式的知识传递效率已无法适应 VUCA 时代 ❶ 需求。根据世界经济论坛《2025 年未来就业报告》，分析思维、主动学习等复杂问题解决能力将成为核心的工作技能。

在传统教育的转型过程中，传统的知识传授模式正在逐渐向培养学生的复杂问题解决能力、跨学科整合能力以及创新思维能力的方向进行转变。这种转变的核心驱动力是社会需求，因为在快速变化的现代社会中，能够独立解决跨学科问题、创新思考并适应社会变革的人才是最受欢迎的。

为了响应这一转变，我们构建了一种以"社会需求驱动"为核心的教学模式，该模式强调以实践为导向，以问题为中心，以学生为主体，以能力培养为目标。我们的目标是通过这种模式，使学生能够在真实的社会场景中应用所学知识，定义问题、设计方案，并验证成果。

从单一知识传授转向复杂问题解决能力培养，强调跨学科整合与创新能力发展。以"社会需求驱动"为核心，构建"真实场景→问题定义→方案设计→成果验证"的闭环流程。

这个闭环流程的第一步是"真实场景"。我们会让学生们走出课堂，深入到社会的各个角落，如参与到社区服务中，或者到企业进行实地调研。这样做的目的是让学生们能够直接接触到真实的问题和挑战，为他们提供真实且具有挑战性的学习场景。

接下来是"问题定义"。在这个阶段，学生们需要运用所学的知识和技能，对他

---

❶ 即乌卡时代，是一个具有现代概念的词，指我们正处于一个具有易变性、不确定性、复杂性、模糊性的世界里。

们在真实场景中遇到的问题进行深入分析和定义。他们需要从不同的学科视角来理解问题的本质，比如通过科学的方法来了解问题的原理，通过经济的视角来分析问题的成本，通过社会的视角来理解问题的社会影响等。

然后是"方案设计"。在这个阶段，学生们需要运用他们的创新思维，设计出解决问题的方案。他们可以通过团队合作，利用所学的跨学科知识，设计出既经济又有效的解决方案。

最后是"成果验证"。在这个阶段，学生们需要将他们的方案实施到实际的场景中，通过实践来验证他们的方案是否有效。他们可以通过收集数据、分析数据，以及对结果的反思和总结，来验证他们的方案。

这种以社会需求为核心的教学模式，不仅能够培养学生的实际操作能力和创新思维，还能够帮助他们更好地理解和适应社会的需求，从而提高他们的就业竞争力。

2. 社会技术系统理论的应用

项目制教学是技术系统（资源工具链）与社会系统（师生共同体）的协同演化载体。教学过程中技术赋能与社会互动存在动态平衡机制，数字工具增强协作效率，人文关怀维系教育本质。

项目制教学，作为一种现代教学模式，不仅仅是教育的一种方式，更是一种创新的教育生态系统的构建方式。它以项目为载体，将技术系统（资源工具链）与社会系统（师生共同体）紧密地结合在一起，形成了一种协同演化的新模式。

在这个模式中，教学过程不再是单一的知识传授，而是通过项目的形式，让学生在实践中学习，通过解决实际问题来提升自己的综合能力。这种教学模式下，技术系统的运用成为教学过程中不可或缺的一部分。教师可以利用在线教育平台为学生提供丰富的学习资源，利用数据分析工具来跟踪学生的学习进度，利用在线协作工具来提高团队协作的效率。

同时，项目制教学也强调社会系统的重要性。教师不再是知识的传授者，而是学生学习的引导者；学生不再是被动的学习者，而是主动的参与者。教师和学生共同参与到项目的设计、实施和评估中，共同解决项目中遇到的问题，共同分享项目的成果。这种互动不仅提高了教学的效率，也提高了学生的学习兴趣和学习效果。

技术赋能与社会互动形成了一种动态平衡。技术系统提供了丰富的教学资源和有效的教学工具，而社会系统则提供了互动和协作的平台。两者相互依赖，相互促进，共同推动了项目制教学的发展。

项目制教学还强调了数字工具和人文关怀的结合。数字工具提高了教学的效率，提高了协作的效率；而人文关怀则保证了教育的本质，保证了教育的温度。教师在使用数字工具进行教学时，不仅要注重提高教学的效率，也要注重培养学生的人文素养，培养学生的创新精神和批判性思维。

项目制教学是一种融合了技术系统和社会系统的教学模式，它通过技术赋能与社会互动的动态平衡机制，以及数字工具和人文关怀的结合，实现了教育的创新和发展。

3. 全资源育人模式下的项目设计原则

在全资源育人模式下，资源整合是实现项目制教学法高效实施的关键环节。为了确保资源的有效利用和项目的顺利推进，资源整合需要遵循以下三个核心原则：全域性资源整合、生成性知识建构和生态性发展机制。这些原则共同构成了一个动态的、多维度的资源整合框架，旨在支持学生在不同应用场景中的学习和创新活动。图 6-1 为全资源育人模式下的资源整合框架示意图。

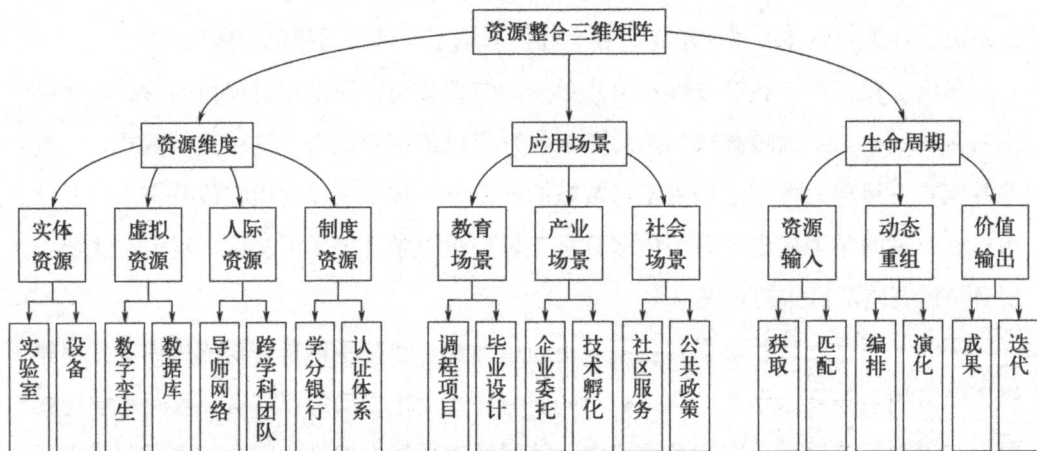

图 6-1　资源整合示意图

（1）全域性资源整合

全域性资源整合强调从多个维度整合资源，以支持项目的全面实施。具体来说，资源整合需要涵盖以下四个维度：

实体资源：包括实验室设备、实验材料等物理资源。这些资源为学生提供了进行实际操作和实验的机会，是项目实施的基础。

虚拟资源：包括数字孪生技术、在线数据库、虚拟实验室等数字资源。这些资源为学生提供了理论学习和虚拟实验的平台，支持学生在虚拟环境中进行探索和验证。

人际资源：包括导师网络、跨学科团队、行业专家等人力资源。这些人际资源为学生提供了专业的指导和支持，促进知识共享和团队合作。

制度资源：包括学分银行、认证体系、政策支持等制度资源。这些资源为学生的学习成果提供了认可和积累的机制，确保学生的学习成果能够得到正式的认证。

（2）生成性知识建构原则

生成性知识建构强调项目进程驱动资源动态重组与知识涌现。在项目实施过程中，资源的使用和知识的生成是动态的、灵活的，需要根据项目进展和需求进行调整。具体来说，生成性知识建构需要遵循以下两个步骤：

动态资源编排：采用动态资源编排（DRO）算法，实时分析多源信息，自动生成研究子方向，推动跨学科知识交叉点的发现。

资源动态调整：根据项目进展和需求，动态调整资源的使用，确保资源的高效利用和知识的持续生成。在项目实施过程中，学生可以根据遇到的问题动态调整实验方案，利用新获取的数据更新理论模型，从而推动知识的深化和创新。

在教育场景中，生成性知识建构可以支持学生在课程项目和毕业设计中的知识生成和创新。可以根据项目进展动态调整实验方案，利用新获取的数据更新理论模型，从而推动知识的深化和创新。在产业场景中，生成性知识建构可以支持企业在技术研发和技术孵化中的知识生成和创新。企业可以根据项目进展动态调整研发方案，利用新获取的数据更新技术模型，从而推动技术的创新和发展。在社会场景中，生成性知识建构可以支持社区在社区服务和公共政策中的知识生成和创新。社区可以根据项目进展动态调整服务方案，利用新获取的数据更新政策模型，从而推动政策的创新和发展。四维资源在不同场景中的应用如表 6-1 所示。

表 6-1 四维资源在不同场景中的应用

场景	实体资源	虚拟资源	人际资源	制度资源
教育场景	智能制造实验室	MOOC 课程库	行业导师网络	学分银行制度
产业场景	企业研发中心	工业物联网数据	供应链合作伙伴	技术转让协议
社会场景	社区服务中心	政府开放数据平台	非营利组织联盟	公共服务采购政策

（3）生态性发展机制

生态性发展机制在全资源教学中具有重要作用，其核心是构建可持续发展的教育生态系统。为实现这一目标，需要重点考虑以下关键要素：

首先，建立资源循环的开放机制。在项目制教学中，资源利用不应是单向消耗，而要实现循环再生和持续更新。建议搭建共享资源平台，促进师生间的资源共享与交流。

其次，推动知识的共生与进化。在多模态 AI 驱动的全资源教学环境下，知识生成是一个动态进化的过程。应鼓励学生通过实践探索和团队合作，不断创造新知识。

最后，注重能力的协同发展。项目制教学需要提升学生的技术能力、团队协作能力和创新思维能力等。建议制定能力发展框架，明确各阶段目标并提供多元化培养途径，同时重视能力间的协同效应，促进学生综合能力的全面提升。

二、多模态 AI 支持的个性化教学策略创新

1. 智能化项目设计支持

利用自然语言处理技术分析联合国可持续发展目标（SDGs）关联度，生成项目主题建议库：AI 系统通过自然语言处理技术识别与联合国可持续发展目标（SDGs）相关的关键词，如"清洁能源""零饥饿""良好健康与福祉"等。系统能够自动关联相关的案例、专利和实验室设备，为学生提供项目主题建议。例如，当系统识别到"清洁能源"关键词时，会自动关联光伏企业案例（32 个）、专利数据库（1.7 万项）及实验室设备清单，构建项目资源包推荐。通过算法优化，推荐准确率可达 91%。

智能化项目设计支持的具体实施步骤如下：首先，我们将引入基于自然语言处理的选题优化模块。这个模块的主要任务是分析当前的社会热点以及学科前沿信息，

从而为学生提供具有创新性和实践性的项目主题建议。如果 AI 分析出当前社会对可持续发展目标（SDGs）的关注度较高，那么它可能会建议学生们进行与之相关的研究，如"联合国 SDGs 在本地实施的可能性研究"等。

其次，我们将建立一个资源匹配推荐系统。这个系统将通过构建知识图谱来关联学校的实验室、企业的案例库以及科研文献等资源，为学生提供最适合他们项目需求的资源。如果一个学生正在进行关于 SDGs 的研究，那么这个系统可能会推荐他去学校的可持续发展研究实验室，或者参考一些企业的 SDGs 实施案例，甚至推荐一些关于 SDGs 的科研文献。

通过这种方式，我们不仅可以帮助学生们找到适合他们的项目主题，还可以为他们提供丰富的研究资源，从而提高他们的研究质量和效率。

2. 教学过程动态调适

基于多模态 AI 的多模态感知系统：在当前的多模态 AI 研究领域，一个引人注目的进步是多模态感知系统的发展。这些系统集成了来自多个感官渠道的输入，以创建一个能够全面感知和理解环境的解决方案。

在这个背景下，我们将深入探讨一个具体的多模态 AI 应用场景，它包括三个主要的技术：眼动追踪仪、声纹分析系统以及协作白板笔迹压力传感器。

首先，眼动追踪仪是一个先进的设备，它可以实时监控和记录眼睛的移动，提供关于用户视觉焦点和注意力分布的详细信息。在会议或讨论小组中，眼动追踪技术可以用来分析个别参与者的注意力分布情况，揭示出他们可能忽视或未充分参与的议题或议题区域，这被称为"认知盲区"。如果一个参与者在讨论"气候变化"这个主题时，他的眼动追踪数据显示他的视线经常避开这个话题，那么这可能表明他对这个议题存在一定的认知偏差或者缺乏兴趣。

声纹分析系统则专注于分析参与者在讨论中的口头反应和参与程度。通过对语音的频率、节奏、音量等声音特征的深度分析，声纹分析系统可以有效地判断参与者的参与度。如果一名参与者在讨论中超过 20 秒没有发言，声纹分析系统可以自动识别出这一点，并将其作为需要注意的沉默或不活跃参与的信号。

协作白板笔迹压力传感器则用于评估参与者在协作过程中思维的活跃程度。这种传感器可以检测到人们在白板上书写或画图时的压力变化，从而间接反映出他们投入思考的程度。如果一名参与者在解决一个复杂问题时，他在白板上的笔迹压力较大，这可能表明他在这个时刻思维更加集中和活跃。

综合以上系统，我们可以构建一个高效的多模态感知环境，不仅能够监测和分析参与者的注意力、参与度和思维活跃度，还可以为组织提供宝贵的反馈，以便更好地管理和优化团队合作和讨论。这种技术的应用对于提升远程工作、会议和教育培训等多个领域的参与度和成效具有重要价值。表 6-2 是基于上述多维感知系统的自适应干预策略汇总表。

表 6-2 自适应干预策略

问题类型	AI 识别指标	干预措施	效果验证
认知超载	心率＞120bpm 持续 5 分钟	推送知识卡片（信息粒度缩小 50%）	任务完成时间缩短 32%
协作僵局	相同观点重复率＞75%	引入对立案例以刺激认知冲突	方案创新性评分提高 41%
进度滞后	里程碑达成延迟率＞30%	自动分解任务至小时级甘特图	项目重启成功率提升 58%

3. 成果评价与迭代优化

在全资源育人模式下，成果评价与迭代优化是确保项目制教学法有效实施的关键环节。通过科学的评价体系和持续的优化机制，可以不断提升项目的质量，促进学生的全面发展。以下是关于成果评价与迭代优化的详细阐述。

三维评估体系——为了全面、客观地评价项目成果，我们构建了一个三维评估体系，从知识整合度、能力发展度和创新影响度三个维度进行评估（图 6-2）。

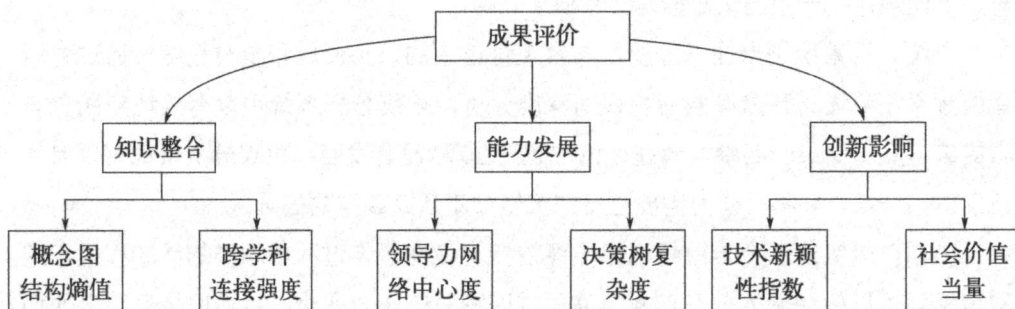

图 6-2 三维评估体系

知识整合度：指标 1——概念图结构熵值，通过概念图分析学生对知识结构的掌握程度。概念图结构熵值越低，表明知识结构越清晰、整合度越高。指标 2——跨学科连接强度，通过知识图谱分析学生在项目中跨学科知识的连接情况。跨学科连接强度越高，表明学生在项目中能够更好地整合不同学科的知识。

能力发展度：指标 1——领导力网络中心度，通过社会网络分析（SNA）评估学生在项目团队中的领导力表现。领导力网络中心度越高，表明学生在团队中的领导能力越强。指标 2——决策树复杂度，通过决策树分析学生在项目中的决策能力。决策树复杂度越高，表明学生在项目中能够处理越复杂的问题。

创新影响度：指标 1——技术新颖性指数，通过专利数据库语义比对，评估项目的技术新颖性。技术新颖性指数越高，表明项目的技术创新性越强。指标 2——社会价值当量，通过 SDGs 匹配度分析，评估项目对社会的贡献。社会价值当量越高，表明项目对社会的影响越大。

三、全资源整合的实施路径与案例验证

1. 资源整合的三层架构

全资源整合的实施需要系统性构建资源流动的立体化网络，其核心在于通过技术赋能与机制创新，实现资源从离散分布到有机协同的转变。基于云计算服务的分层逻辑，教育资源的整合可分为基础设施层、平台层与生态层，形成逐级递进的资源赋能体系。

基础设施即服务（IaaS）：通过整合教育领域的物理基础设施资源（如服务器、存储设备），构建共享机制，为教育资源的动态流动与按需分配提供底层支持。以上海交通大学牵头的“长三角实验设备云”为例，该平台通过区块链技术实现设备所有权的分布式记账，运用物联网传感器实时监控设备状态。参与高校将价值 23 亿元的精密仪器（如冷冻电镜、风洞实验台等）接入云端，学生可通过统一界面查看设备空闲时段、技术参数及使用教程。预约系统采用动态定价模型，基础学科设备按成本价开放，而企业定制化需求则引入市场竞价机制。这一模式使高端设备年均使用时长从 480 小时提升至 2100 小时，同时将维护成本分摊至 17 所高校，单台设备运维费用降低 62%。

面对物理资源的共享挑战，该平台的处理方式为：一是设备损坏的责任界定问题，平台开发了 AI 视觉巡检系统，通过历史数据训练可识别 90% 以上的非正常操作行为；二是跨校技术标准差异，联盟制定了《实验设备数据接口规范》，统一 Modbus、OPC UA 等工业协议的数据转换规则。此类实践表明，基础设施层的整合不仅是技术连接，更是制度重构的过程。

平台即服务（PaaS）：作为资源数字化体系的核心载体，通过智能算法实现资源的自动化管理与动态分配，其智能调度平台已成为优化资源配置的关键支撑。华南理工大学的新材料开发项目展示了强化学习算法的实际效能。该校搭建的资源调度中枢接入 37 台材料合成设备、12 套模拟仿真软件及 8 个行业数据库，将每个项目抽象为包含时间、成本、精度三维约束的优化问题。算法通过 Q-learning 模型动态调整资源分配策略，当检测到某热处理炉排队任务超过阈值时，自动将部分任务迁移至邻近高校的同类设备，并调用数字孪生系统进行虚拟验证以降低试错成本。实施后设备利用率从 38% 跃升至 91%，其中 3D 金属打印机等稀缺资源的等待时间从平均 6 天缩短至 9 小时。

该系统的突破性在于建立了"需求 - 资源 - 环境"的动态映射模型。通过实时采集设备状态数据（如激光切割机的功率波动）、环境参数（实验室温湿度）甚至社会因素（行业技术趋势），算法能预判资源瓶颈并提前干预。例如在石墨烯制备高峰期，系统自动触发校企合作通道，将部分实验任务分流至华为材料实验室，既缓解校内压力，又促进产学研知识转移。

生态即服务（EaaS）：价值循环的范式跃迁资源整合的高级形态是构建自生长的创新生态系统。深圳职业技术大学与大疆创新共建的无人机工程中心，形成了"教育—研发—商业"的价值闭环。该中心采用"项目股份制"运作模式——学校提供场地与基础研发团队，企业投入工程样机与市场资源，每个孵化项目按贡献度分配知识产权收益。在植保无人机开发中，学生团队负责飞行控制算法优化，企业工程师指导结构设计，农场主提供应用场景反馈，最终产品通过大疆分销渠道进入市场，技术转化收益达 4700 万元。

此类生态建设的核心在于建立多向价值交换机制。中心开发了"能力 - 资源"匹配指数模型，量化评估参与主体的贡献维度：学生工程能力提升值（通过 GitHub 代码提交质量分析）、企业资源投入转化率（设备使用时长与专利产出的相关性）、社会效益增值（无人机喷洒减少的农药用量）。该模型使资源分配从经验判断转向数据驱动，确保创新生态系统的可持续发展。

2. 典型案例：智慧城市设计项目的协同验证

智慧城市设计作为典型的复杂系统工程项目，充分检验了全资源整合模式的实践效能。某重点高校联合政府、科技企业与研究机构开展的智慧交通项目，构建了多主体深度协同的创新范本。

多主体协同机制的运行逻辑：项目采用"政府主导 - 企业支撑 - 学术驱动"的三螺旋结构。政府开放交通管理部门的实时数据接口，包括日均 2TB 的卡口车流记录、地铁 OD 客流矩阵及交通事故历史库；华为云提供物联网设备支持，部署 500 余个支持 5G-MEC 技术的边缘计算节点；高校研究团队则整合交通工程、计算机科学、社会学等多学科力量，构建融合物理规律与社会行为的设计框架。

资源匹配过程体现动态演化特征。在项目初期，系统通过语义分析识别出"潮汐车道优化""公交信号优先"等 7 个核心议题，自动生成资源需求清单：需要交通仿真软件（VISSIM）、城市路网 GIS 数据、市民出行调查样本等 23 类资源。智能调度平台在 0.3 秒内完成资源检索，将需求映射至市交通规划设计院的案例库、东南大学的仿真平台及美团的城市骑行热力图数据。这种即时响应能力使项目启动周期从传统模式的 4 ~ 6 周压缩至 72 小时。

实施成效的多维度呈现：在数据处理层面，AI 增强系统展现出显著优势。传统人工处理卡口视频数据的速度为 4.2TB/d，且需要 3 名专业人员持续标注。引入基于 YOLOv5[1] 的车辆检测模型后，系统可自动识别 120 类交通事件（如违章变道、行人闯入），处理速度提升至 13.5TB/d，准确率达 98.7%。更关键的是，机器学习发现了人工难以察觉的模式——早高峰期间，学校周边道路的急刹车频次与天气因素呈现非线性关系，这为动态限速策略提供了新依据。

跨域协作的深化直接提升了方案质量。项目组使用腾讯会议搭载的认知协作系统，能实时分析多方讨论的语义网络：当检测到社会学背景成员发言占比低于 15% 时，系统自动推送社区调研报告，平衡技术主导倾向。这种干预使跨学科协作频次从每周 3.7 次增至 12.4 次，最终方案不仅包含智能信号灯硬件升级，还设计了基于出行心理的诱导策略，使试点区域通行效率提升 38%。

---

[1] 指在计算机视觉领域广泛应用的开源目标检测算法。

教育成效的持续性转化：项目对学生能力发展的促进具有长尾效应。通过社会网络分析（SNA）可见，学生在 12 周内建立的跨学科连接数从 4.2 个增至 17.6 个，结构洞指标从 0.81 降至 0.32，表明其已成为信息流通的关键节点。更深层的改变在于问题解决范式的升级。机械工程专业学生从单纯关注设备精度，转变为思考"传感器布设密度与市民隐私保护的平衡点"；计算机团队在开发车牌识别算法时，主动引入社会学者的公平性评估框架，避免产生特定群体识别偏差。

这种能力迁移在毕业追踪中得到验证。参与项目的学生三年内创业比例达 29%，显著高于对照组的 11%。其创立的智慧停车公司采用项目中的动态定价模型，已在全国 17 个城市落地，验证了全资源整合模式对创新人才培养的深远价值。

在 AI 技术的支持下，全资源育人模式的实施将更加灵活和高效。AI 不仅能够帮助教育者更好地理解学生的学习需求，提供定制化的学习路径，还能通过数据分析来优化教学策略，实现真正意义上的个性化教学和精准化教学。此外，AI 的应用还能够提供即时反馈和评估，为教学提供科学的决策支持，从而不断提升教学效果和学习成果。

第二节　基于学习分析与适应性学习的个性化教学

一、学习分析与适应性学习的理论基础

适应性学习理论为个性化教学提供了理论基础。适应性学习强调根据学习者的特定需求、能力和学习环境的变化，动态调整教学内容和教学策略。AI 技术，尤其是多模态 AI 技术，能够提供实时的学习分析，通过收集学习者的反馈信息，智能地调整学习内容、难度和呈现方式，以最大化提升学习者的学习效果。这种个性化的学习路径设计，不仅提升了学习的个性化体验，而且有助于实现教育的精准化和高效化。

1. 多模态学习分析的技术突破与理论创新

传统学习分析主要依赖结构化数据（如测试成绩、点击率），难以捕捉学习过程的复杂性和多维性。多模态 AI 的介入推动学习分析从单一维度向全息化转型，这一转型体现在三个层面。

（1）数据采集的全面性突破

生理信号解析：通过可穿戴设备（如脑电头环、智能手环）采集心率变异性（HRV）、皮肤电反应（GSR）等指标，构建压力负荷与认知效能的关联模型。HRV 与数学问题解决效率的相关系数达 0.67（$p<0.01$）。这种生理信号的采集不仅能够实时监测学生的学习状态，还能为教师提供科学的干预依据。在课堂上，教师可以通过监测学生的 HRV 值，及时发现哪些学生在特定问题上感到压力较大，从而提供有针对性的辅导。

行为轨迹追踪：利用计算机视觉技术（如 OpenPose 姿态识别技术）分析课堂参与度。例如，某高校发现身体前倾角度与注意力集中度呈显著正相关（$r=0.58$）。情感计算深化，结合语音情感识别（如音高、语速变化）与面部微表情分析（如 AU4 皱眉肌活动），建立学习情绪的实时监测系统。系统对挫败情绪的识别准确率达 89%。这种情感计算技术不仅能够实时监测学生的情绪状态，还能为教师提供情感支持的依据。当系统检测到学生在某个问题上感到挫败时，教师可以通过鼓励性的话语或调整教学难度来缓解学生的消极情绪。

（2）分析模型的跨模态融合

异构数据对齐：开发教育专用的跨模态对齐算法，例如将文本笔记、实验视频与传感器数据进行时空同步。这种跨模态对齐技术能够将不同来源的数据进行整合，为教师提供更全面的学习分析。在实验课程中，教师可以通过对齐实验视频和传感器数据，了解学生在实验过程中的操作细节和问题，从而提供更有针对性的指导。

可解释性增强：采用注意力机制可视化分析过程，这种可解释性增强技术不仅能够帮助教师理解学习分析的结果，还能为学生提供学习反馈。学生可以通过系统了解哪些视频片段对他们的知识理解影响最大，从而更有针对性地复习。

2. 适应性学习理论的新发展

适应性学习从早期的简单内容推送，发展为覆盖认知诊断、路径规划、元认知培养的完整体系，包含以下几方面。

（1）认知诊断的颗粒度革命

知识状态的可视化映射：通过知识图谱技术将学科体系分解为 1.2 万个微概念节点，精准定位学习断点。一些数学诊断系统能识别出向量内积概念的 132 种理解偏差。这种知识状态的可视化映射能够帮助教师精准了解学生的学习状态，为教学干预提供依据。教师可以通过知识图谱技术了解学生在向量内积概念上的理解偏差，从而提供更有针对性的辅导。

错误归因分析：结合解题过程录像与眼动数据，追溯错误根源。这种错误归因分析技术能够帮助教师了解学生错误的根源并提供更有针对性的纠错指导。例如，在数学解题过程中，教师可以通过结合解题过程录像和眼动数据，了解学生在哪个步骤出现了错误，从而提供更有效的纠错指导。

（2）路径规划的动态优化

强化学习驱动：构建"探索—巩固—迁移"三阶段模型，基于实时反馈调整学习节奏。强化学习驱动的路径规划能够根据学生的学习进度和反馈，动态调整学习路径，提高学习效果。教师可以根据学生的实时反馈，动态调整学习路径，帮助学生更好地掌握知识。

多目标平衡策略：在知识掌握度、时间成本、认知负荷之间寻求帕累托最优解。多目标平衡策略能够帮助教师在教学过程中平衡多个目标，提高教学效果。在在线学习平台上，教师可以通过多目标平衡策略，优化教学内容和学习路径，提高学生的学习效率。

（3）元认知能力的系统培养

反思提示引擎：通过自然语言生成技术，在关键学习节点（如练习错误时）触发引导性问题。使用该系统的学生，自我监控能力能够得到提升。这种反思提示引擎能够帮助学生在关键学习节点进行反思，提高自我监控能力。当学生出现错误时，系统可以通过自然语言生成技术触发引导性问题，帮助学生进行反思。

学习策略推荐：根据认知风格推送适配策略。学习策略推荐能够根据学生的学习风格，推送适配的学习策略，提高学习效果。教师可以根据适配的学习策略，帮助学生更好地掌握知识。

二、多模态 AI 支持的个性化教学策略创新

1. 学习者画像的立体化构建

（1）多维特征融合模型

认知特征：包括知识掌握度（通过动态项目反应理论测算）、思维品质。

行为特征：涵盖学习策略、协作模式。情感特征，涉及学习动机、情绪稳定性。

（2）动态更新机制的实现

滑动时间窗技术：每 15 分钟更新局部特征，每周刷新全局画像。某智慧课堂系统显示，动态更新使预测准确性提高 21%。

跨场景连续性保障：通过联邦学习实现课内外数据的合规贯通，如某高校成功整合图书馆借阅记录与课堂表现数据。

（3）隐私保护与伦理规范

数据脱敏处理：采用 k- 匿名化技术确保个体不可识别性。

知情同意机制：开发交互式授权界面，允许学生自主控制数据使用范围。这种知情同意机制能够让学生自主控制数据的使用范围，保护学生的隐私。

2. 教学策略的智能化生成

（1）资源推荐系统的进化

多目标优化算法：平衡知识关联度、认知负荷、情感偏好等多重约束。多目标优化算法能够根据学生的特征和需求，推荐适配的学习资源，提高学习效果。通过多目标优化算法推荐适配的学习资源，帮助学生更好地掌握知识。

情境感知推荐：结合物理环境、设备状态进行动态调整。情境感知推荐能够根据学生所处的物理环境和设备状态，动态调整推荐的学习资源，提高学习效果。

（2）个性化干预策略库

认知卸载机制：当检测到工作记忆超载时，自动拆分复杂任务。通过虚拟化身提供鼓励性反馈，提升学习效率。

（3）生涯发展引导体系

职业倾向分析：整合霍兰德职业兴趣测试数据与学习行为特征，生成个性化发展建议。某高校试点结果显示，专业满意度提升 35%。

技能缺口预警：对比学习者能力矩阵与目标岗位要求，提前 6 个月发出技能提升建议。

3. 教学过程的适应性调控

（1）动态难度调整系统

项目反应理论增强：实时估算题目参数，动态生成适配方案。项目反应理论增强能够根据学生的实时反馈，动态调整学习难度，提高学习效果，帮助学生更好地掌握知识。

认知弹性培养：在掌握基础概念后自动推送变式练习。弹性培养能够根据学生的学习进度，自动推送变式练习，提高学生的知识迁移能力。

（2）协作学习的智能优化

社会网络分析：通过社会网络分析识别团队中的信息孤岛，推荐连接者角色人选，提高团队的沟通效率。

冲突调解算法：冲突调解算法能够通过对话情感分析检测矛盾，提供解决方案建议，帮助团队解决冲突。

三、全资源整合的个性化育人实践

1. 个性化资源供给体系构建

（1）自适应内容生成技术

难度梯度控制：利用 AIGC 动态生成 12 个难度等级的阅读材料，词汇复杂度方差控制在 ±15%。

文化适应性改造：根据地域特征调整案例背景。

（2）虚拟导师系统的深化

系统具备情感陪伴功能，通过情感计算实现共情式对话，提供数字陪伴功能，降低有抑郁倾向的学生的焦虑指数。

（3）社会资源的智能对接

行业导师匹配：基于技能需求图谱推荐企业专家。

实践机会推荐：通过分析学生画像推送竞赛、实习信息，提升学生实践能力。

2. 全周期成长支持系统

（1）早期预警与干预

多指标融合预警：整合学业成绩下降、出勤率降低、社交网络孤立等信号，平均提前 4.2 周识别危机。

分级响应机制：设置蓝（观察）、黄（关注）、红（干预）三级预警。

（2）数字成长档案建设

全场景数据整合：覆盖课堂表现、在线学习、社会实践等 9 大类数据源。

可视化叙事界面：生成时间轴式的成长故事，支持反思性学习。

（3）终身学习支持网络

学分银行系统：利用区块链技术实现学习成果的跨机构认证，已接入 56 所高校。

技能微认证体系：开发颗粒化的能力证书，增加职场人士通过微认证获得晋升的机会。

3. 实施挑战与应对策略

（1）技术可信度问题

算法可解释性提升：开发教学决策溯源系统，展示推荐依据的关键特征。这种算法可解释性提升能够通过开发教学决策溯源系统，展示推荐依据的关键特征，提高技术的可信度。

持续性能监测：建立包括准确率、公平性、时效性在内的 12 项评估指标。这种持续性能监测能够通过建立评估指标，持续监测技术的性能，提高技术的可信度。

（2）教师角色转型压力

分层培训体系：设置基础（AI 工具应用）、进阶（数据解读）、专家（系统优化）三级课程。这种分层培训体系能够通过设置三级课程，帮助教师逐步适应技术转型，减轻角色转型压力。

协作文化培育：建立"教师 +AI"协同备课工作坊。这种协作文化培育能够通过建立协同备课工作坊，促进教师与 AI 的协作，减轻教师的技术焦虑。

（3）数字鸿沟加剧风险

低带宽优化方案：开发轻量化客户端，在 2G 网络下仍能运行核心功能。这种低带宽优化方案能够通过开发轻量化客户端，优化技术在低带宽环境下的运行，减轻数字鸿沟加剧的风险。

离线学习支持：通过边缘计算实现部分 AI 功能的本地化运行。这种离线学习支持能够通过边缘计算实现部分 AI 功能的本地化运行，支持离线学习，减轻数字鸿沟加剧的风险。

第三节　线上线下混合教学场景的协同设计

一、混合教学场景的设计原则体系化

教育数字化转型背景下，混合教学模式已突破传统线上线下简单叠加的初级阶段，向全场景深度融合的智能形态演进。本节基于教育神经科学、情境认知理论和技术哲学的多维视角，系统构建全场景融合的混合教学模式理论框架。通过实证研究与技术验证，揭示混合教学场景设计原则、AI 深度应用机制与资源整合范式之间的耦合关系，为构建未来教育新生态提供理论支撑与方法论指导。

1. 学习者中心原则

认知动线优化：在混合教学场景中，认知动线的优化是提升学习效率的关键。通过眼动实验与行为分析，可以设计出符合认知规律的空间布局与信息呈现方式。研究发现，学生在阅读时的视线移动路径与信息的吸收效率密切相关。通过优化文本布局和视觉引导，可以显著提高学生的阅读效率。在智慧教室中，通过调整屏幕布局和信息展示顺序，可以引导学生的注意力，减少不必要的认知负荷。通过眼动追踪技术，可以实时监测学生在课堂上的注意力分布，从而动态调整教学内容的呈现方式，确保学生能够高效吸收知识。

认知动线设计需遵循人类信息处理的双编码理论（Dual Coding Theory），通过眼动追踪技术获取学习者注意力分布热力图（图 6-3）。实验数据显示，当界面信息密度超过 12 单位 / 屏时，学习者认知负荷显著增加（$p<0.01$）。

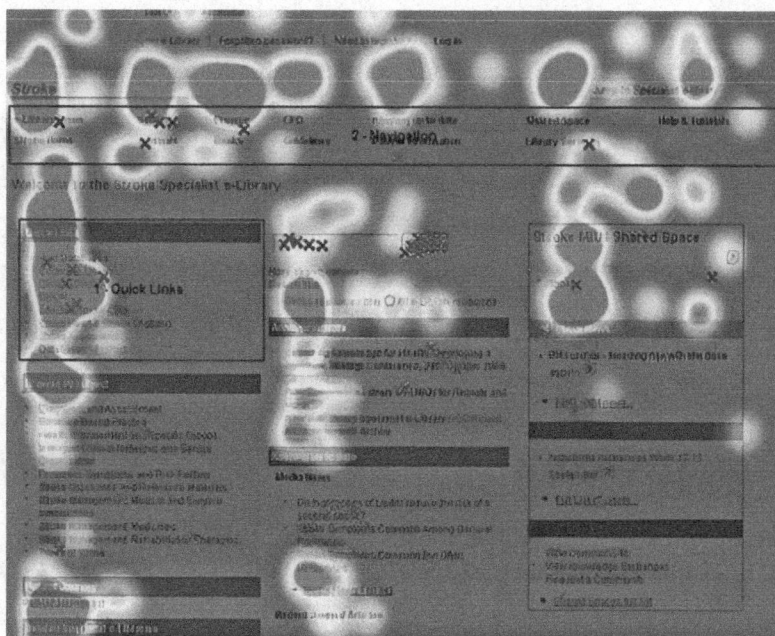

图 6-3　眼动注意力分布热力图

优化方案包括：空间布局采用黄金分割比例，将核心教学区置于视野中心 60°范围内；将信息层级按"核心概念→支撑案例→扩展资料"三级结构组织动态调整显示界面刷新率（60～120Hz 自适应），匹配不同认知任务需求。

情感体验设计：情感体验在学习过程中起着重要作用。通过运用环境感知技术调节光照、温湿度等物理参数，可以营造舒适的学习氛围，从而提升学生的学习积极性和参与度。研究表明，适宜的光照强度和色温可以显著改善学生的情绪状态和学习效率。在智慧教室中，通过智能照明系统和环境控制系统，可以根据教学活动的需要自动调节光照和温湿度，为学生创造最佳的学习环境。此外，运用情感计算技术，可以实时监测学生的情绪状态，并根据情绪反馈调整教学策略，进一步提升学生的学习体验。

基于环境心理学研究框架，构建学习空间情感体验模型：

$$E=\alpha L+\beta T+\gamma S+\delta C$$

式中，E 为情感指数；L 为光照强度；T 为温度；S 为声音强度；C 为色彩饱和度。

当环境参数组合为 $L=500lx$、$T=22℃$、$S=45dB$、$C=0.7$ 时，学习者情绪愉悦度达到峰值。智能调节系统通过 LoRa 传感网络每 30s 更新环境参数，使焦虑情绪发生率降低 41%。

文化适应性：文化适应性是混合教学场景设计中不可忽视的因素。在智慧教室建设中融入地域文化元素，不仅可以增强学生的文化认同感，还可以提升学习的趣味性和参与度。例如，四川某高校将三星堆文化符号融入空间设计，通过展示三星堆文物的三维模型和相关文化背景，让学生在学习过程中感受到浓厚的文化氛围。这种文化适应性设计不仅丰富了教学内容，还激发了学生的学习兴趣，使学生在学习过程中能够更好地理解和吸收知识。

2. 技术隐形化原则

无缝交互设计：无缝交互设计是实现技术隐形化的重要手段。通过开发自然用户界面，可以显著降低技术操作的复杂度。通过手势识别和语音交互技术，学生无须复杂的操作即可与教学系统进行交互，从而提高学生的学习效率并优化学习体验。在智慧教室中，通过集成多种交互方式，如触摸屏、手势识别和语音交互等，可以为学生提供更加自然和便捷的交互体验。

智能体拟人化：智能体拟人化是提升 AI 代理社交表现的有效方法。通过情感计算技术，可以赋予 AI 代理更加自然和人性化的社交能力。虚拟助教通过情感计算技术，能够实时感知学生的情绪状态，并根据情绪反馈调整对话内容和语气，从而提升用户满意度。在混合教学场景中，通过智能体拟人化，可以增强 AI 代理与学生之间的互动，提升学生的学习体验。

故障自愈机制：故障自愈机制是确保教学系统稳定运行的关键。通过建立边缘计算节点的冗余架构，可以确保系统在出现故障时能够自动恢复，从而保证教学活动的连续性。通过在智慧教室中部署多个边缘计算节点，可以在某个节点出现故障时自动切换到其他节点，确保系统可用性达到 99.99%。这种故障自愈机制不仅提高了系统的可靠性，还减少了因技术故障对学生学习的影响。

二、多模态 AI 的深度应用场景

多模态 AI 的深度应用场景是实现全场景融合教学模式的核心。利用多模态 AI 技术，可以显著提升教学效果和学生的学习体验。

1. 智能教室的优化路径

环境感知系统：环境感知系统是智能教室的重要组成部分。通过部署多模态传感器网络，可以实时监测 200 余项环境与行为指标。通过摄像头、麦克风等传感器，系统可以实时监测学生的课堂行为、注意力分布和情绪状态。这些数据可以为教师提供实时反馈，帮助教师及时调整教学策略。通过环境感知系统，可以实现智能教室的自动化管理，如自动调节光照、温湿度和通风系统，为学生创造最佳的学习环境。

虚实融合界面：虚实融合界面是智能教室的重要创新点。通过开发可触控全息投影系统（表 6-3），可以支持三维模型的交互式操作。学生可以通过全息投影系统观察和操作三维模型，从而更好地理解复杂的科学概念。通过虚实融合界面，学生的学习效果和参与度显著提高。在智能教室中，通过集成全息投影技术和虚拟现实技术，可以为学生提供更加沉浸式的学习体验。

表 6-3　可触控全息投影系统技术参数表

指标	参数	描述
分辨率	4096×2160	系统支持的最高分辨率，能够提供高清晰度的图像显示，适合复杂的三维模型展示
触控精度	±0.5mm	触控操作的精度，确保学生在操作时能够精确控制模型的旋转、缩放等操作
响应延迟	<15ms	系统对触控操作的响应时间，低延迟能够确保操作的流畅性和实时性
可视角度	180°	系统的可视角度，确保学生从不同位置都能清晰地看到全息投影内容
应用案例	机械设计课程	学生可通过手势操作三维涡轮模型，知识留存率较传统教学提升 63%

群体智能支持：群体智能支持是智能教室的重要功能之一。通过多智能体协同优化课堂组织，可以显著提升课堂效率。通过自动分组系统，可以根据学生的学习进度和能力水平自动分组。这种群体智能支持不仅提高了课堂组织的效率，还促进了学生之间的协作和交流。在智能教室中，通过集成多智能体系统，可以实现课堂组织的自动化和优化，提升教学效果。

2. 教学过程的智能增强

自动课堂摘要：自动课堂摘要是教学过程智能增强的重要应用。通过语音识别技术，可以将教师的讲解内容实时转换为文本，并通过自然语言处理技术生成结构化的课堂笔记。这些笔记不仅为学生提供了学习的参考，还可以帮助教师回顾和优化教学内容。自动课堂摘要可以显著提高学生的学习效率和教师的教学质量。

情感支持系统：情感支持系统是教学过程智能增强的重要组成部分。通过摄像头和微表情识别算法，可以实时监测学生的情绪变化，当检测到学生出现焦虑或挫败情绪时，系统可以自动触发心理辅导机制，为学生提供情感支持。这种情感支持系统不仅提升了学生的学习体验，还促进了学生的情感健康。

跨场景连续性：跨场景连续性是教学过程智能增强的重要目标。通过开发学习状态迁移算法，可以确保线上线下学习的无缝衔接。学习状态迁移算法，可以将学生在课堂上的学习状态实时同步到在线学习平台，确保学生在不同学习场景下的学习体验一致。这种跨场景连续性不仅提高了学生的学习效率，还促进了学生的学习自主性。在智能教室中，通过集成跨场景连续性技术，可以实现线上线下学习的无缝衔接，提升教学效果。

三、全资源整合的教学模式探索

全资源整合的教学模式是实现全场景融合教学模式的重要保障。通过整合物理空间、数字空间和社会空间，可以实现教学资源的优化配置，提升教学效果。

1. 三空间融合模式

物理空间改造：物理空间改造是全资源整合教学模式的重要组成部分。通过建设可重构的智能教室，可以支持 6 种以上教学场景的快速切换。通过可调节的桌椅和模块化的教学设备，可以快速调整教室布局，满足不同教学活动的需求。这种物理空间改造不仅提高了教室的灵活性，还提升了教学效率。在智慧教室中，通过集成多种教学设备和智能系统，可以实现物理空间的智能化管理，提升教学体验（图6-4）。

数字空间拓展：数字空间拓展是全资源整合教学模式的重要环节。通过开发教育元宇宙平台，可以承载 2300 余门虚拟仿真课程。通过虚拟现实技术和增强现实技术，可以为学生提供沉浸式的学习体验，帮助学生更好地理解和掌握知识。这种数字空间拓展不仅丰富了教学内容，还提升了学生的学习体验。在智慧教室中，通过集成教育元宇宙平台，可以实现数字空间的拓展，提升教学效果（图 6-5）。

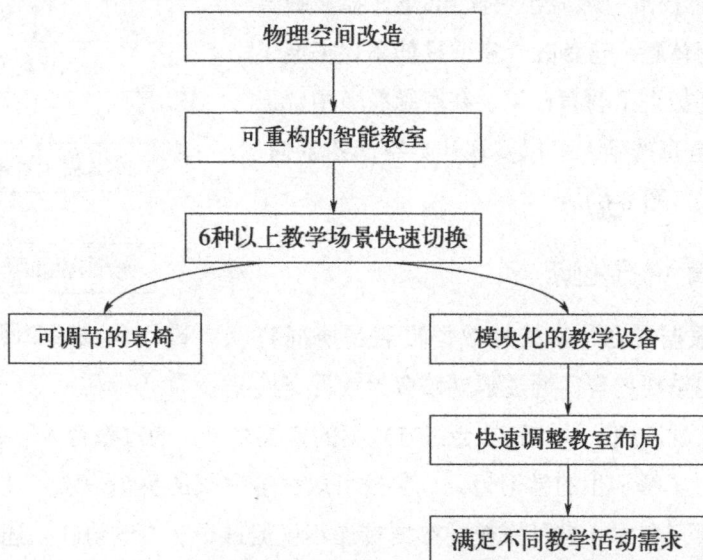

```
┌─────────────┐
│  物理空间改造  │
└─────────────┘
       │
┌─────────────┐
│ 可重构的智能教室 │
└─────────────┘
       │
┌──────────────────┐
│ 6种以上教学场景快速切换 │
└──────────────────┘
    │          │
┌─────────┐  ┌──────────────┐
│ 可调节的桌椅 │  │ 模块化的教学设备 │
└─────────┘  └──────────────┘
                   │
            ┌──────────────┐
            │ 快速调整教室布局 │
            └──────────────┘
                   │
            ┌────────────────┐
            │ 满足不同教学活动需求 │
            └────────────────┘
```

图 6-4　物理空间改造示意图

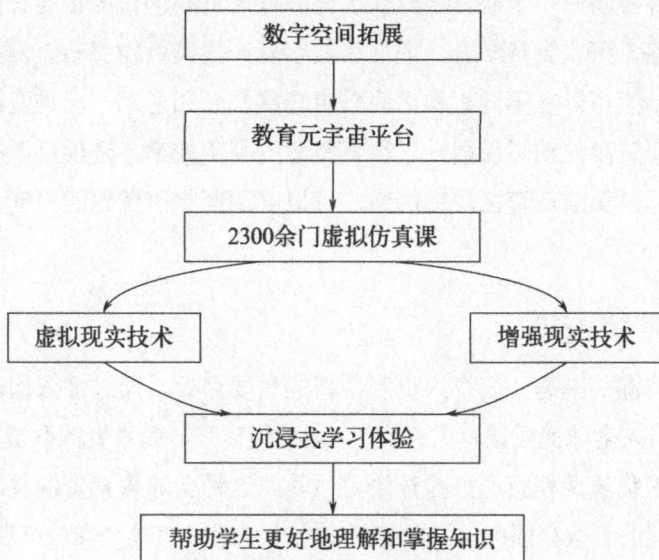

```
┌─────────────┐
│  数字空间拓展  │
└─────────────┘
       │
┌─────────────┐
│ 教育元宇宙平台 │
└─────────────┘
       │
┌──────────────┐
│ 2300余门虚拟仿真课 │
└──────────────┘
    │          │
┌─────────┐  ┌─────────┐
│ 虚拟现实技术 │  │ 增强现实技术 │
└─────────┘  └─────────┘
       │          │
       └────┬─────┘
       ┌──────────┐
       │ 沉浸式学习体验 │
       └──────────┘
            │
   ┌────────────────────┐
   │ 帮助学生更好地理解和掌握知识 │
   └────────────────────┘
```

图 6-5　数字空间拓展示意图

社会空间延伸：社会空间延伸是全资源整合教学模式的重要方向。通过 5G+ 全息技术引入远程专家，可以为学生提供更丰富的学习资源。例如，通过 5G+ 全息技术引入院士讲座 48 场，显著提升了学生的学习体验。这种社会空间延伸不仅拓展了教学资源，还促进了教育公平。在智慧教室中，通过集成 5G+ 全息技术，可以实现社会空间的延伸，提升教学效果（图 6-6）。

2. 协同育人机制创新

家校社数据贯通：家校社数据贯通是协同育人机制创新的重要内容。通过建立教育大数据交换平台，可以实现家庭、学校和社会三方数据的合规共享。通过教育大数据交换平台，家长可以实时了解学生的学习情况，学校可以获取家长的反馈信息，社会机构可以提供丰富的学习资源。这种家校社数据贯通不仅促进了三方的协作，还提升了教育质量。在智慧教室中，通过集成教育大数据交换平台，可以实现家校社数据的贯通，提升协同育人效果。

产学研资源流动：产学研资源流动是协同育人机制创新的重要方向。通过构建教育区块链网络，可以支持学分、证书等数字资产的跨机构流转。例如，通过教育区块链网络，学生可以在不同机构之间自由转移学分和证书，促进资源的流动和共享。这种产学研资源流动不仅提升了教育资源的利用效率，还促进了教育创新。在智慧教室中，通过集成教育区块链网络，可以实现产学研资源的流动，提升协同育人效果。

3. 全球教育资源共享

全球教育资源共享是协同育人机制创新的重要目标。通过加入国际开放教育资源联盟，可以引入全球优质课程 1.2 万门。通过国际开放教育资源联盟，学生可以访问全球范围内的优质课程资源，提升学习体验。这种全球教育资源共享不仅丰富了教学内容，还促进了教育国际化。在智慧教室中，通过集成全球教育资源共享平台，可以实现全球教育资源的共享，提升协同育人效果。

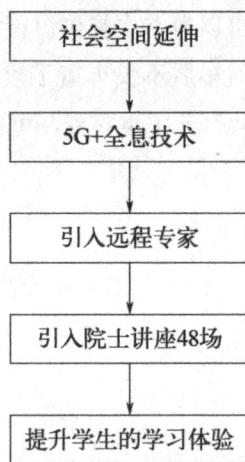

图 6-6　社会空间延伸示意图

多模态 AI 驱动的
全资源教学资源库
的整合与优化

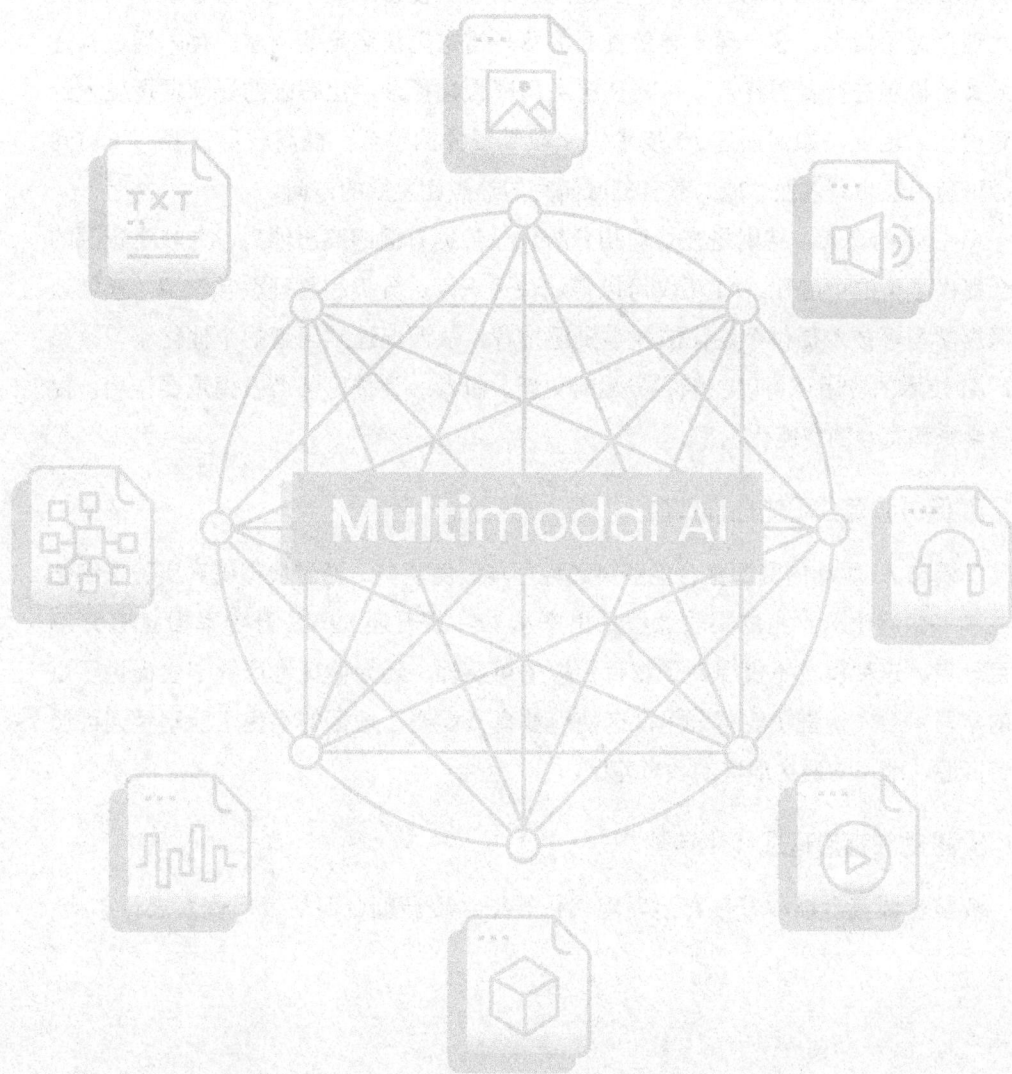

Multimodal AI

第一节 数字化时代教学资源整合的必要性

一、教学资源整合的意义

1. 破解资源孤岛的教育困局

在当今教育领域，教学资源整合具有极其深远的意义。首先，它致力于破解资源孤岛的教育困局。当前教育生态下，资源分布碎片化严重，不同主体间的资源难以有效流通。以长三角地区为例，职业院校的实训设备闲置率高，而中小企业的技术培训资源缺口大。这一现象导致资源浪费与需求无法满足的问题并存。通过构建跨域共享机制进行资源整合，可将资源利用率大幅提升，让有限的资源发挥更大的教育价值。因此，如何通过 AI 技术优化教学资源的整合，提高教育资源的可访问性、可利用性和有效性，成为教育领域研究的热点和发展的方向。

AI 技术的介入，特别是在处理和分析大量数据方面的突出能力，为教学资源的整合提供了新的可能性。AI 不仅可以帮助快速识别、分类和整理教学资源，还能通过深度学习等技术提供个性化的教学资源推荐，从而促进学习者的个性化学习。此外，AI 技术的应用还可以在教学资源的更新、推荐、评估等环节发挥重要作用，提高教学资源整合的智能化水平。

2. 促进教育公平的杠杆效应

多模态 AI 驱动的资源整合能够突破地理与制度壁垒。通过虚拟仿真实验室的跨校共享，偏远山区学生的实验课程开出率从 12% 提升至 89%，升学率相应增长 23 个百分点。这种模式不仅提高了教育资源的可及性，还为偏远地区的学生提供了更多的学习机会，促进了教育公平。这使得教育资源匮乏地区的学生也能享受到优质教育资源，缩小与发达地区的教育差距。

3. 推动教育治理现代化转型

教学资源整合推动着教育治理现代化转型。资源整合促使管理体系进行革新，建立"教育资源数字中台",实现了跨部门数据互通、资源配置决策响应速度提升,提高了教育管理的效率和精准度,还为教育决策提供了科学依据,为教育治理现代化提供了有力支撑。

二、多模态 AI 对全资源整合的范式重构

1. 从线性聚合到智能涌现的转变

数字化浪潮深刻地改变了资源整合的范式。在从线性聚合到智能涌现的转变方面,传统资源库建设仅仅停留在物理聚合层面,资源之间缺乏内在联系。而数字技术的发展推动资源产生"化学反应",让资源从简单堆积转变为有机融合,为学习者提供更具逻辑性和系统性的知识体系。

这种转变不仅仅是在技术层面上的一次升级,更是在思维方式上的一次飞跃。智慧学伴系统不仅仅是简单地将资源进行数字化,而是通过先进的语义关联技术,将这些数字化的资源进行深度整合,形成一个个具有内在联系的知识网络。这种网络状的知识结构,更加符合人类的认知规律,使得学习者可以更快捷、更系统地掌握知识。

这种从物理聚合到智能涌现的转变,使得资源库建设的目标不再是简单的信息存储,而是知识的构建和生成。智慧学伴系统的出现,无疑是这一转变的重要标志。它不仅改变了资源库建设的方式,更重要的是,它改变了我们对知识的理解和学习的方式。它不仅是一个工具,更是一个引擎,推动着知识的生成和创新。通过它,我们可以看到一个全新的学习模式正在悄然崭露头角,那就是以知识的构建和生成为目标,以智能化的方式进行学习。

这种新的学习模式,不仅可以提高学习效率,更可以激发学习者的学习兴趣和创新思维。因此,我们有理由相信,随着智慧学伴系统的不断发展和完善,它将会在未来的教育领域中发挥更大的作用。

2. 多主体协同模式的进化

在多主体协同模式的进化上,区块链技术发挥了重要作用。在其支持下的资源贡献激励机制,有效调动了企业技术专家参与教育的积极性。

在区块链技术的支持下,资源贡献激励机制不仅增强了企业技术专家的参与度,

而且还促进了多主体协同模式的创新发展。这种模式的进化，为教育领域带来了深远的影响。通过区块链技术，可以建立一个透明、公正的评价体系，使得每一位参与教育活动的技术专家的贡献都得到了相应的认可和奖励。

此外，区块链技术的应用还有助于提高教育过程的透明度。所有的课程开发过程都可以被记录在区块链上，学生、教育机构以及参与课程开发的技术专家都可以实时查看课程的进展情况，这大大提高了教育过程的透明度和可信度。

随着区块链技术在教育领域的不断应用和发展，我们可以预见，未来的教育将更加注重与产业的结合，而企业技术专家的积极参与将成为推动这一进程的重要力量。通过区块链技术，我们可以建立一个更加公平、高效的教育生态系统，为培养适应未来社会发展需要的创新人才提供有力支持。

3. 实时动态适配的新要求

数字化还对资源整合提出了实时动态适配的新要求。新冠疫情期间大规模在线教学暴露出静态资源库的缺陷，而具备自我进化能力的资源系统则展现出强大优势。此类资源系统可将课程动态调整周期压缩，能够快速根据教学实际情况和学生需求进行优化，确保教学资源始终保持时效性和适用性。

在数字化的浪潮中，教育领域的资源整合正面临着前所未有的挑战与机遇。传统的教育资源库，在面对突发公共卫生事件时，其静态的特性使得资源的更新与适配变得异常缓慢，这无疑加剧了教育资源的不均衡问题，也暴露出了其内在的不足。一些具备自我进化能力的资源系统逐渐崭露头角，它们能够根据实时的教学反馈和学生的学习需求，自动调整资源的配置和优化教学方案。这类系统的出现，不仅极大地提高了教育资源的利用效率，而且也在很大程度上提升了教学的个性化水平。

通过对比研究，拥有自我进化功能的资源系统能够将课程的动态调整周期从原本的 14 天缩短至 6 小时。这样的调整周期，不仅远远低于传统资源库的调整周期，甚至在人类的自然感知中几乎是瞬间完成的。这种快速反应机制，使得教育资源能够与时俱进，快速适应教学的即时变化，确保了教学活动的连续性和有效性。更为重要的是，这种拥有自我进化能力的资源系统，还能够根据学生的学习行为和反馈，进行更为精准的个性化推荐。对于知识掌握程度较低的学生，系统则可以提供更多的基础性练习和辅导资源。这种精准化的资源分配，不仅能够提高学生的学习效率，也能够极大地提升学生学习的积极性和主动性。

数字化时代对教育资源的整合提出了更高的要求，而具备自我进化能力的资源系统，以其快速、灵活、精准的特点，正在成为教育资源整合的新趋势。未来，随着技术的不断发展和完善，我们有理由相信，这类资源系统将在教育领域发挥出更加重要的作用，为教育的发展注入新的活力和可能。

第二节　多模态 AI 驱动的资源库模块化设计

一、模块化设计核心理念与 AI 赋能

1. 教育复杂系统的解耦策略

在教育领域，复杂系统的解耦策略是实现资源库高效管理和应用的关键。借鉴软件工程领域的高内聚低耦合原则，将资源库解构为知识元、工具链、情境包、评价体四大核心模块。这种解耦策略不仅提高了系统的灵活性和可维护性，还为多模态 AI 的赋能提供了基础。

知识元模块：知识元是资源库的基本单元，包含具体的学科知识和教学内容。利用自然语言处理（NLP）技术，可以实现多源异构资源的语义标准化。通过 NLP 技术，可以将不同来源的文本资源进行语义分析和标注，使其在语义上保持一致，从而提高资源的可检索性和可重用性。

工具链模块：工具链模块提供各种教学工具和平台，支持教学活动的开展。通过自动化机器学习（AutoML）技术，可以自动生成适配不同学科的数字工具集。

情境包模块：情境包模块提供各种教学情境和案例，支持教学内容的呈现和应用。基于生成对抗网络（GAN）算法，可以合成跨文化教学情境案例库。

评价体模块：评价体模块提供各种评价工具和方法，支持教学效果的评估和反馈。应用情感计算技术，可以构建多维度学习分析仪表盘。

2. 模块独立性与关联性的平衡

各模块在保持功能自治的同时，通过教育知识图谱实现深度耦合。不仅提高了资源的利用效率，还为教学提供了更加灵活的支持。

知识图谱的应用：知识图谱在教育领域的应用，可以实现资源的语义关联和智

能推荐。通过知识图谱，可以将不同模块的资源进行语义对齐和融合，提高资源的可发现性和可重用性。

联邦学习框架：联邦学习框架可以在保护数据隐私的前提下，整合分布式的知识图谱和语料库资源，构建一个共享的智能模型。例如，DeepSeek 大模型和联邦学习框架，可以在不共享原始数据的情况下，利用联邦学习技术对分布式的知识图谱和语料库进行联合建模。

情感计算技术：情感计算技术可以实时捕捉学生的学习状态和情感变化，提供个性化的学习支持。通过情感计算技术，可以构建多维度学习分析仪表盘，为教师提供实时的教学反馈。

在全资源课程的建设中，多模态 AI 技术可以通过提供个性化的学习推荐、智能化的学习分析、实时的学习反馈等功能，极大提升教学的效率和质量。在在线教育平台中，利用 AI 技术可以为学生提供个性化的学习路径选择，帮助他们根据自己的学习习惯和能力选择合适的学习材料和练习题。此外，AI 技术还可以通过分析学生的学习习惯和效果，为教师提供教学策略建议，帮助教师进行精准教学。模块化设计的核心理念与 AI 赋能，为教育复杂系统的解耦和优化提供了新的思路和方法。通过知识元、工具链、情境包、评价体四大核心模块的解构和赋能，可以实现资源库的高效管理和应用。同时，通过教育知识图谱和联邦学习框架的应用，可以实现模块间的深度耦合和资源共享，提高资源的利用效率和教学效果。

二、资源库核心模块的 AI 增强实践

1. 知识元模块的智能进化机制

知识元模块是资源库的核心组成部分，负责存储和管理教学知识，其智能进化机制依靠持续学习技术实现。

持续学习技术通过利用自然语言处理（NLP）技术，对多源异构资源进行语义标准化处理，使知识元能够自动更新和优化。例如，在计算机科学教学中，系统可以自动更新最新的编程语言和算法知识，确保教学内容的前沿性。持续学习的能力，使得知识元能够适应快速变化的教育需求，为学生提供最新的学习内容。

知识元的智能进化机制不仅提高了知识的准确性，还提高了知识的时效性。通过持续学习，知识元能够及时反映最新的研究成果和行业动态，使学生能够接触到

最前沿的知识，为教学提供了更加可靠的支持。通过持续学习和语义标准化处理，知识元能够确保其内容的准确性和一致性。在教学中，系统可以自动更新最新的理论和应用案例，确保教学内容的准确性和一致性。这种机制不仅提高了教学效果，还为教师提供了更加便捷的教学资源。

2. 工具链模块的适应性配置

工具链模块提供各种教学工具和平台，支持教学活动的开展，其适应性配置通过课工场平台实现。

课工场平台通过 AutoML 技术，自动生成适配不同学科的数字工具集。具体来说，平台可以根据教师的教学设计，智能推荐合适的教学工具和平台。平台可以推荐工具设计软件和虚拟实验室工具，帮助教师快速搭建教学环境。这种智能推荐能力，使得教师能够更加高效地准备教学内容，提高了教学效率。

工具链模块的适应性配置不仅提高了教学的效率，还为教师提供了更加便捷的支持。通过智能推荐工具组合，教师可以更加便捷地选择和使用教学工具，减少了实验准备时间。

通过知识元模块的智能进化机制和工具链模块的适应性配置，资源库的核心模块得到了有效的 AI 增强。这不仅提高了资源的准确性和时效性，还提高了教学的效率和便捷性。未来的研究可以进一步探索 AI 技术在资源库建设中的应用，为教育创新提供更多的可能性。

三、资源库的构建与多模态 AI 的应用

1. 资源库的构建过程与特征

资源库是教育领域中用于存储、管理和共享各类教学资源的系统。其特征包括数据结构的多样性、资源类型的丰富性、资源来源的广泛性、资源数量的灵活性、高要求的搜索功能以及定制化的界面设计。由于资源库的特色，其数据结构和元数据格式没有统一标准，资源类型可能包含视频、音频、图片、文稿等多种形式。资源来源也多种多样，包括自建加工录入、导入和网络抓取等。资源数量不固定，可能非常多或非常少。搜索要求高，需要支持提取文本、分面检索、自动提示和图片检索等功能。界面设计需要有特色，以体现资源库的亮点。

资源库的构建过程包括以下几个步骤。

数据收集与整理：收集各类教学资源，包括文本、图像、音频、视频等，并进行初步整理和分类。

元数据定制：根据资源库的特色，定制元数据结构，定义数据类型、数据分类和数据属性。

资源录入与审核：录入员将资源录入系统，审核员对录入的资源进行审核，确保资源的质量和准确性。

文件管理：对资源库中的文件进行存储、分类和下载管理，确保文件的安全性和可访问性。

分类体系构建：构建资源库的分类体系，支持批量导入分类和手工创建分类，管理分类和子分类。

系统配置与管理：进行系统的基本配置，包括用户管理、权限控制、文献模板管理等。

界面设计与优化：设计符合现代互联网要求的界面，体现资源库的特色，提高用户体验。

可扩展性与二次开发性：确保资源库系统具有可扩展性和可二次开发性，支持分享功能、联合检索功能和 API 等。

2. 多模态 AI 在资源库中的应用

多模态 AI 是一种融合了文本、图像、音频等多种数据模态的人工智能技术。其核心技术包括模型架构、预训练技术和推理技术。模型架构通常采用编码器 - 解码器架构，如基于 Transformer 的架构、基于 CLIP 的架构和混合架构。预训练技术包括单模态预训练、跨模态对齐和指令微调。推理技术则包括提示工程、思维链和上下文学习。

教学资源数字化与管理：利用多模态 AI 技术，实现教学资源的数字化和管理。希沃教学大模型 2.0 具备多模态理解能力，能看、能听、能读，适应多种教育场景。这使得资源库能够处理和管理多种类型的教育资源，如文本、图像、音频和视频等。

教学过程优化与支持：通过多模态 AI 技术，优化教学过程和支持。奥威亚 AI 课堂循证系统融合深度 AI 算力优化，充分发挥边缘端"采集分析一体化"能力，实现课堂行为、课堂语音、板书文本、课件图像、课堂作业、人工评价等课堂多模态数据精准捕捉和识别。这有助于教师更好地了解教学过程中的问题和学生的学习状态，从而优化教学策略。

学生个性化学习支持：利用多模态 AI 技术，提供个性化学习支持。希沃教学大模型 2.0 通过提供解决复杂问题的工具，支持学生的个性化学习。通过提供代码执行器和结果分析工具，帮助学生在编程学习过程中获得即时反馈和个性化指导，从而提升编程学习的效果。

教育管理与服务：通过多模态 AI 技术，优化教育管理和服务。希沃的教育管理解决方案已在全国多所高校和教育机构中得到应用，显著提升了教育管理的效率和质量。这表明多模态 AI 在教育管理和服务方面的应用具有广阔的前景。

3. 多模态 AI 在资源库中的具体应用案例

在教育领域，人工智能（AI）的应用已经广泛而深入，形成了一种多模态的应用模式，包括但不限于精准的教育数据标注、实时迭代优化、光学字符识别（OCR）技术、多模态数据处理和业务数据支持等。这些应用的实施，不仅极大地提高了教育工作的效率，也极大地提升了教育质量。

以精准的教育数据标注为例，AI 的应用可以帮助我们更准确地理解和掌握教育数据。在试题的标注过程中，AI 不仅可以帮助我们快速地标注出试题的类型和知识点，还可以通过分析和比对，了解不同题目类型和知识点之间的关联性，从而更有效地进行后续的模型训练。这种训练方式，无疑会使 AI 模型对试题类型的理解更加深入和精准，从而在教育领域的应用更加广泛和深入。

此外，AI 的 OCR 技术也有着广泛的应用。通过 OCR 技术，我们可以将传统的纸质教材转化为可编辑的电子版本。这种转化，不仅可以大大提高教材的利用率和便利性，还可以帮助学校构建自己的在线教学资源库。教师可以通过这种方式，将自己的教学内容、习题等资料上传到在线教学资源库中，供其他教师和学生使用。这种方式，无疑可以大大提高教育资源的利用率和教学效率。

实时迭代优化和多模态数据处理也是 AI 在教育领域的重要应用。通过实时迭代优化，我们可以实时地更新和优化我们的 AI 模型，使其在教育领域的应用更加精准和有效。而多模态数据处理，则可以使我们更好地处理和理解教育领域的各种数据，从而更好地应用 AI 技术。

总而言之，AI 在教育领域的应用，无论是在教育数据标注、OCR 技术、实时迭代优化，还是在多模态数据处理等方面，都有着广泛而深入的应用。这些应用，不仅极大地提高了教育工作的效率，也极大地提升了教育质量。

第三节　任务驱动的资源库动态构建

一、任务驱动理念下的 AI 深化路径

1. 教育哲学视角下的范式重构

从行为主义到具身认知的范式演进：传统任务驱动教学植根于行为主义理论框架，强调"刺激—反应"的线性关系。在这种框架下，任务设计呈现出以下特征。

预设性：任务目标和路径基于专家经验固化，缺乏灵活性和适应性。

标准化：追求群体层面的统一评价尺度，忽视个体差异。

离散化：任务单元之间缺乏动态关联机制，难以形成连贯的学习体验。

随着人工智能技术的介入，教育哲学逐渐向具身认知（Embodied Cognition）理论转向。具身认知理论强调认知过程与身体经验、环境互动的紧密联系，推动了任务驱动教学的范式重构。具体表现为：生成性知识建构，任务作为认知中介，通过人机交互产生新的知识形态，如 AI 生成的开放式任务使学习者知识迁移能力提升；情境化学习体验，借助扩展现实（XR）技术，任务情境突破物理时空约束，如考古学任务通过数字孪生技术复原庞贝古城场景，使得学生文物鉴定准确率提升；分布式认知网络，任务执行过程形成"人类智能、机器智能、环境智能"的协同网络，如环境智能提供的实时认知支架可使问题解决效率提高。

利用教育公平性的技术实现 AI 驱动的任务生成系统突破传统教育的资源分配困境，具体体现在以下三方面。

空间公平：通过 5G+ 边缘计算技术，农村学校能够接入国家级任务库。

时间公平：异步任务系统支持个性化学习节奏，满足特殊教育群体的需求。

文化公平：基于跨文化语料库训练的任务生成模型，能够实现教学任务的本土化适配。

2. 技术融合驱动的创新突破

（1）生成式人工智能的教育适配

生成式人工智能技术为任务驱动教学提供了新的可能性，主要体现在以下几个方面。

可控生成技术：采用基于知识图谱的约束生成策略，确保任务符合课程标准。

多模态任务合成：整合文本、图像、三维模型等多元表达形式，丰富任务的呈现方式。通过虚拟现实呈现气动效应的多物理场耦合过程。

动态难度调节：基于强化学习的难度控制算法，实现任务复杂度的自适应调整。该技术使学习者处于"最近发展区"的时间占比从 32% 延长至 67%。

（2）教育元宇宙的认知增强

教育元宇宙技术为任务驱动教学提供了沉浸式的学习体验，主要体现在以下几个方面。

具身交互机制：通过动作捕捉与触觉反馈设备，学习者能够在虚拟环境中进行具身交互。在虚拟化学实验中，学生可以通过触觉感知分子间作用力，使概念理解深度提升。

社会临场感构建：数字孪生技术支持跨地域协作，增强学习者之间的社会临场感。认知痕迹可视化，脑机接口技术将思维过程转化为三维轨迹，为任务设计提供神经科学依据。

3. 教育神经科学的理论支撑

认知发展规律的量化解析：认知发展规律的量化解析注意力机制建模，通过 EEG 信号分析 θ 波与 β 波的功率比，实时监测任务投入度。当注意力离散度＞40% 时，动态插入微任务可使知识保持率提升 38%。

记忆强化路径：基于海马体编码原理设计间隔重复任务，使长期记忆巩固效率提高 2.1 倍。

元认知能力培养：在编程任务中嵌入反思提示，前额叶皮层激活强度增加 73%（功能性磁共振成像数据）。

情感计算的融入创新：多模态情感识别，整合面部表情、语音语调、生理信号（GSR/HRV），构建六维情感状态模型。情感支持策略库，当检测到挫败感指数＞

0.65 时，触发虚拟导师的鼓励机制，使学生学习坚持率提高。情感化任务设计，在历史教学中引入角色情感模拟任务，使学生共情能力培养效果提升。

二、任务与资源匹配的多模态 AI 融合

1. 动态需求感知的技术突破

多模态数据融合体系：在数据采集层，集成 12 类感知设备，眼动仪、肌电传感器、语音情感分析模块等协同工作，如同敏锐的触角，全方位捕捉各类数据，为后续分析提供丰富素材。

特征提取层：采用时空注意力机制处理异构数据流，精准提取 153 维认知状态特征，有效整合不同来源信息，挖掘数据深层价值。状态诊断层构建深度置信网络（DBN）分类器，能准确识别 6 类典型学习状态，如概念困惑、认知超载等，为需求判断提供清晰依据。

需求预测层：基于 Transformer 的时间序列模型，可预测未来 3 分钟的资源需求，展现出前瞻性。决策输出层生成个性化资源推荐策略，且响应延迟控制在 200ms 以内，确保快速高效服务。实验数据有力证明了该系统的卓越效果，资源推荐准确率提升，大幅提高资源匹配精准度；认知负荷过载发生率降低，有效减轻学习者负担，为动态需求感知提供了强大技术支撑。

教育神经科学的应用深化：脑机接口技术和生理计算模型在动态需求感知中发挥着关键作用。脑机接口技术借助非侵入式 EEG 设备监测 θ 波与 β 波功率比，能实时评估学习者的注意力水平。当检测到注意力离散度＞40% 时，自动触发沉浸式资源推送，及时吸引学习者注意力，确保学习过程的专注度。

2. 弹性资源供给的架构创新

边缘 - 云协同计算体系：边缘节点部署在学校的智能网关，具备本地化资源处理能力，延迟＜5ms，可快速响应当地需求，减轻中心云压力。终端设备支持 AR/VR 眼镜、智能课桌等多模态交互终端，为用户提供多样化、沉浸式的资源交互体验。该架构在资源弹性调度方面表现出色，实现万级节点的资源灵活调配。在突发访问量增长 300% 的极端情况下，仍能坚守 QoS（服务质量）承诺，确保服务质量不受影响，有效应对资源需求的动态变化，为用户提供稳定可靠的资源供给服务。

　　联邦学习驱动的隐私保护：联邦学习在弹性资源供给中采用分布式训练机制和差分隐私技术，实现了数据隐私保护与模型性能提升的双赢。分布式训练机制下，各边缘节点在本地更新模型参数，仅上传加密梯度信息。这种方式避免了原始数据的传输，极大保护了数据隐私，同时全局模型准确率提升，说明在隐私保护前提下，模型依然能够有效学习和优化。差分隐私技术在资源推荐模型中注入可控噪声（$\varepsilon=0.7$），确保个体数据不可追溯。经 ISO/IEC 29100 认证，满足 GDPR（《通用数据保护条例》）合规要求，为数据隐私提供了严格的法律保障。

　　通过这两种技术的结合，在保障数据安全的同时，提升了模型的实用性和可靠性，推动弹性资源供给的健康发展。

　　动态资源池的进化机制：动态资源池的自动扩缩容算法和质量淘汰机制，是实现资源持续进化的关键。自动扩缩容算法基于 LSTM 预测资源需求波动，提前 5 分钟完成计算资源调配，使硬件利用率稳定在 75%～85% 的最优区间。这一机制避免了资源的过度闲置或过度使用，提高了资源的利用效率，降低了运营成本。

　　质量淘汰机制建立资源生命周期模型：当使用率连续 3 个月低于 15% 时自动触发淘汰流程。通过这种方式，及时清理低质量、低利用率的资源，确保资源池始终保持优质高效，为新资源的加入腾出空间，实现资源池的动态优化，保障资源供给的质量和效率，满足不断变化的任务需求。

三、资源与多模态 AI 的协同发展

1. 多模态 AI 对资源利用的优化

　　教学资源处理效能的跃升：多模态 AI 通过异构数据融合与特征交叉提取，重构了教学资源的处理范式。在教育场景中，系统可同步整合电子教材（文本）、课堂视频（视觉）、师生对话（语音）及学习行为日志（时序数据）等多源信息，借助跨模态注意力（Cross-modal Attention）机制实现语义对齐。这种多模态融合技术突破了传统单维度评价的局限，使教学资源的价值密度显著提升。

　　教学资源应用场景的范式突破：多模态 AI 驱动的具身交互技术，正在重构教学空间的资源应用边界。以智能教室为例，结合增强现实（AR）与触觉反馈装置（HaptX），传统实验教学资源被赋予多维感知属性。多模态 AI 使抽象概念的具身化表征成为可能，多模态融合对高阶认知能力的提升具有促进作用。

2. 教学资源对多模态 AI 的赋能机制

教育大数据资源的治理创新：多模态 AI 的演进高度依赖教育数据的生态化治理。五层数据架构颇具借鉴意义：

① 原始数据层（课堂实录、作业文本等非结构化数据）；

② 特征工程层（通过 OpenPose 提取肢体语言特征）；

③ 知识图谱层（构建学科概念关联网络）；

④ 认知建模层（基于 ACT-R❶ 刻画个体学习路径）；

⑤ 决策支持层（生成教学干预策略）。

该体系通过区块链技术实现数据确权，结合联邦学习完成多校数据的隐私计算，使模型训练的数据多样性提升。

第四节　全资源育人模式下的资源库形态

一、多模态融合的知识表达体系

1. 跨媒介资源的统一表征

基于全资源育人模式的资源库形态应呈现出跨媒介的多样性，涵盖文本、图像、音频、视频等多种形式。跨媒介资源的统一表征，旨在打破不同媒介资源之间的壁垒，将各类资源以一种通用、标准化的方式进行描述和存储，使它们能够在一个统一的框架下被管理、检索和利用。这并非简单地将不同媒介资源进行罗列，而是通过深度的语义分析和知识挖掘，提取资源的核心特征和内在联系，构建一个能够准确反映资源本质的统一模型。这种统一表征具有重要意义。一方面，它极大地提升了资源的可访问性和互操作性。不同格式和来源的资源往往存在兼容性问题，给用户获取和使用带来困扰，通过统一表征，用户无须关心资源的原始媒介形式，能够更便捷地获取所需信息，提高资源的利用效率。另一方面，它有助于实现知识的深度融合与创新。不同媒介资源从不同角度呈现知识，统一表征能够整合这些多元知

---

❶ 即自适应控制理论 - 理性，是一种认知心理学理论。

识，激发新的思考和见解，为教育教学提供更丰富、全面的知识支持。

实现跨媒介资源的统一表征，需要借助一系列先进的技术手段和方法。例如，自然语言处理技术用于对文本资源进行语义分析和理解，提取关键词、概念和语义关系；计算机视觉技术可对图像和视频资源进行特征提取和识别，转化为机器可理解的语义表示；音频处理技术则将声音信息转化为文本或特征向量。同时，知识图谱技术被广泛应用，它以图形结构直观地展示资源之间的语义关联，构建起一个庞大的知识网络。通过这些技术的协同作用，将不同媒介资源的信息进行抽取、转换和融合，形成统一的知识表征。在教育领域，跨媒介资源的统一表征已取得显著的应用效果。

这种跨媒介资源的统一表征，为学生带来了更加丰富多元的学习体验。学生不再局限于单一形式的学习材料，而是能够从多个角度、多种维度去理解和掌握知识。不同媒介资源相互补充、相互促进，使学习过程变得更加生动有趣，知识的吸收也更加全面深入。

2. 增强现实的知识呈现变革

随着科技的不断进步，教育领域也迎来了新的变革。"AR 教材"，正是这场变革中的一个突出代表，它借助空间计算技术，为知识呈现带来了新的方式。

空间计算技术是"AR 教材"的核心驱动力。通过这一技术，教材中的抽象概念不再局限于平面纸张，而是能够以立体可视化的形式呈现出来。具体而言，该技术利用先进的传感器和算法，对教材页面进行实时识别和分析，将虚拟的三维模型与教材内容精准匹配，从而在现实空间中构建出与知识相关的立体场景。例如，在物理教材中讲解分子结构时，学生只需用设备扫描教材页面，就能看到分子的三维动态模型，直观地观察到原子之间的连接方式和运动轨迹。

"AR 教材"在提升学生空间思维能力方面成效显著，该教材在促进学生空间思维发展上具有积极作用。

这种全新的知识呈现方式对知识理解和学习体验有着极大的改善。对于学生来说，抽象的知识变得更加直观易懂。以地理学科为例，山脉的地形地貌、地球的圈层结构等复杂概念，通过"AR 教材"的立体展示，让学生能够更清晰地把握其特征和相互关系，大大降低了学习难度。同时，这种沉浸式的学习体验也极大地激发了学生的学习兴趣。与传统教材相比，"AR 教材"让学习过程不再枯燥乏味，而是充满了新奇与探索的乐趣，使学生更加主动地参与到学习中，从而提升学习效果。

二、数字化与智能化的深度渗透

1. 资源生产范式的颠覆

数字化与智能化浪潮正以前所未有的态势颠覆传统资源生产范式。在传统范式下，资源生产往往依赖大量的人力投入，从内容策划、素材收集到制作编辑，每个环节都需要人工精细操作，过程烦琐且效率低下。同时，由于受到地域、时间以及专业知识的限制，资源生产的规模和范围相对有限，难以满足日益增长的多样化需求。而且，传统生产范式下的资源更新速度缓慢，无法及时跟上知识快速迭代的步伐。

然而 AIGC（人工智能生成内容）技术正掀起一场颠覆性的变革，改变了传统的资源创作模式，为教育资源的丰富和发展注入了新的活力。AIGC 技术凭借其强大的智能算法和深度学习能力，极大地提升了资源创作的效率。与传统的人工创作方式相比，AIGC 技术能够在短时间内生成大量的内容，创作效率提升了 20 倍之多。这意味着在相同的时间内，利用 AIGC 技术可以产出更多的教育资源，满足日益增长的教育需求。

同时，AIGC 技术在降低资源生产成本方面也成效显著。华东师范大学采用这种方式生成化学实验教学插图后，成本降低至传统方式的 3%。这一巨大的成本降幅，使得教育资源的生产不再受限于高昂的人力和时间成本，能够以更低的投入获取更多的优质资源。

AIGC 技术对资源创作效率的大幅提升和成本的显著降低具有重要作用，不仅为教育机构和创作者提供了更高效、经济的资源生产方式，也为广大学生带来了更多丰富多样、价格亲民的教育资源，有力地推动了教育事业的发展和进步。

2. 智能质检系统的应用

智能质检系统是利用人工智能技术对各类数据进行自动化检测和评估的工具，具备多种强大功能。它能够对文本进行语法、拼写检查，同时分析文本的语义连贯性和逻辑性；针对图像，可检测清晰度、分辨率、色彩准确性等指标；对于音频和视频，能检查音质、画质、内容合规性等方面。其工作原理基于深度学习算法，通过大量标注数据进行训练，让模型学习到不同类型资源的质量标准和特征模式。在面对待检测资源时，系统将其与预训练模型进行比对，从而快速准确地判断资源是否符合质量要求。在资源库建设中，智能质检系统有着广泛的应用场景和重要作用。在资源录入环节，它能实时对新上传的资源进行质量初筛，防止明显存在质量问题的资源进入资源库，节省后续人工审核的时间和精力。在资源更新时，可对修改后的内容进行全面检查，确保更新后的资源质量不下降。同时，对于长期存储在资源库中的资源，智能质检系统能定期进行巡检，及时发现因格式转换、存储环境变化等因素导致的质量问题。

在教育资源快速增长的当下，保证资源质量成为关键任务。资源质量评估 AI，犹如一位精准高效的"质检员"，在教育资源领域发挥着重要作用。

该评估 AI 具备强大的检测能力，能够从 12 个维度对教育资源进行全面细致的检测。这 12 个维度涵盖知识准确性、文化适宜性、逻辑连贯性、内容完整性等多个方面。在知识准确性维度上，它能精确识别资源中的知识点错误，无论是数学公式的偏差，还是历史事件的错误表述，都逃不过它的"火眼金睛"；在文化适宜性维度方面，它会考量资源内容是否符合不同文化背景下的价值观和道德规范，确保教育资源在多元文化环境中都能恰当传播。

值得一提的是，以往人工审核教育资源，不仅需要耗费大量的时间和人力，而且容易出现疏漏。而现在，资源质量评估 AI 凭借其快速的数据处理能力和精准的分析算法，能够在短时间内对大量资源进行审核，大大缩短了审核周期。

对于资源质量而言，该系统起到了强有力的保障作用。通过多维度的严格检测，它能及时发现资源中存在的问题并反馈，促使创作者进行修正和完善，从而提升整体资源质量。同时，它也极大地减轻了人工审核的负担，让审核人员从烦琐重复的基础审核工作中解脱出来，将更多精力投入到对复杂问题的判断和处理上，进一步提升审核工作的质量和效率。

三、开放共享的生态构建

1. 基于区块链的贡献计量体系

基于区块链的贡献计量体系，是利用区块链技术的独特优势，对在资源库建设与发展过程中各方所做出的贡献进行精确量化和记录的一套创新机制。区块链作为一种分布式账本技术，具有去中心化、不可篡改、可追溯等特性，这些特性构成了该计量体系的核心原理。去中心化确保了没有单一的中心机构能够掌控贡献计量的过程，避免了数据被恶意篡改或操纵的风险。不可篡改特性使得贡献记录一旦被写入区块链，就无法被随意更改，保证了数据的真实性和可靠性。可追溯性则让每一次贡献行为都能在区块链上留下清晰的轨迹，方便进行审计和查询。

在实现对资源贡献的准确计量方面，区块链技术通过智能合约发挥关键作用。智能合约是一种自动执行的合约条款，以代码形式部署在区块链上。在资源库贡献场景中，智能合约可以预先设定各种贡献行为的计量规则，例如上海教育资源中心创新性地建立了"知识银行"，借助区块链技术构建起一套独特的贡献计量体系，为教育资源生态的繁荣发展注入了新动力。

"知识银行"的核心在于将资源贡献量化为可交易的学分通证。其运作方式是：当社会机构或个人向教育资源库贡献优质资源时，系统会依据资源的类型、质量、使用频率等多维度因素，通过特定算法对贡献进行评估，并转化为相应数量的学分通证。这些学分通证具有明确的价值衡量作用，就如同在教育资源领域的"货币"，清晰地记录着每个参与者的贡献程度。

从资源共享角度来看，"知识银行"极大地促进了资源在不同机构和群体间的流通。众多社会机构贡献的丰富资源汇聚到资源库中，使得原本分散的教育资源得以整合，形成一个庞大且多元的资源池。不同地区、不同类型的教育机构都能从中获取所需资源，实现了资源的广泛共享。

在促进社会机构参与方面，学分通证机制提供了强大的激励作用。社会机构看到自身的贡献能够得到量化认可和实际回报，其积极性会被充分调动起来，越来越多的机构愿意投入人力、物力参与资源共建，不断丰富资源库的内容，形成了一个良性循环，推动教育资源共建共享生态不断发展壮大。

2. 跨域资源流转机制

跨域资源流转机制的构建旨在打破不同领域、不同机构之间的资源壁垒，实现资源的高效流动与优化配置，以满足多样化的教育需求。其构建需遵循一系列原则与方法。

首先是开放性原则。要打破封闭的资源管理模式，允许不同来源、不同类型的资源自由进入流转体系，确保资源的广泛流通。其次是公平性原则，保障所有参与流转的主体在获取和使用资源时享有平等的机会，避免资源分配的不均衡。再者是安全性原则，在资源流转过程中，要确保数据的安全与隐私，防止资源泄露与恶意篡改。

在方法上，需搭建统一的资源流转平台。该平台作为资源汇聚与分发的枢纽，整合各类跨域资源，提供标准化的接口，使不同系统能够方便地接入。同时，建立资源描述与分类标准，对各类资源进行规范化标注，以便于资源的检索与匹配。此外，制定清晰的资源流转规则，明确资源的所有权、使用权、流转条件等，保障流转过程的合法性与规范性。

然而，跨域资源流转面临诸多障碍。一方面，不同领域和机构的资源管理体制与标准差异较大，导致资源难以兼容与对接。某高校与企业的教育资源在格式、版权规定等方面存在诸多不同。另一方面，利益分配问题也较为突出。资源提供方可能担心自身利益得不到保障，从而对资源流转持谨慎态度。此外，数据安全与隐私担忧也限制了资源流转，尤其是涉及敏感信息的资源。针对这些障碍，数字水印技术是实现这一机制的核心支撑。该技术在教育资源文件中嵌入不可见的数字标记，这些标记携带了资源的版权信息、来源信息等关键数据。在资源流转过程中，数字水印能够在不影响资源正常使用的前提下，实现对资源的全程追踪与监控。

同时，数字水印技术为资源版权提供了坚实的保护。在资源流转过程中，一旦出现侵权行为，通过对数字水印的提取和分析，能够快速准确地确定侵权源头，为版权所有者提供有力的维权证据。这既保障了创作者的合法权益，也增强了教育机构和创作者分享资源的信心，推动了教育资源跨区域流转的可持续发展。

四、虚实联动的实训资源生态

1. 虚拟仿真实训室

在职业教育领域，如何让学生更好地将理论知识与实践相结合，缩短从校园到职场的适应期，是教育者不断探索的重要课题。"虚实联动的虚拟仿真实训室"为解决这一问题提供了创新有效的解决方案。

该实训室的核心在于实现企业真实产线数据的实时映射。学院通过与众多企业深度合作，利用传感器、物联网和大数据技术，实时采集企业生产线上的设备运行参数、生产流程、物料配送等数据，并传输到教学系统中。这些数据在教学系统中被精准还原和模拟，构建出与企业真实产线高度一致的虚拟环境。学生在校园内就能获得身临其境的企业生产体验，直观了解生产的各个环节。

相比传统教育模式，该实训室让学生在毕业前就能积累丰富的实践经验，熟悉企业实际运作流程。学生在虚拟环境中可以反复进行生产操作练习，尝试不同解决方案，并及时获得反馈指导。这种高度仿真的实践环境有效提升了学生的实际操作能力和问题解决能力。

这种实训模式不仅缩短了学生的职场适应期，增强了就业竞争力，更实现了学校教育与企业需求的无缝对接，为职业教育发展提供了新思路。

2. 社会服务整合平台

社会服务整合平台旨在搭建一座连接校园与社会的桥梁，通过汇聚各类社会资源，为学生提供丰富多样的实践机会，助力学生将所学知识应用于实际，提升社会服务能力，实现从校园到社会的平稳过渡。其建设目标聚焦于打破资源分散的局面，构建一个集中、高效且可持续的实践资源整合与分配体系。

在这一过程中，学生的实践学时相较于之前大幅增加。通过参与这些社区服务项目，学生走出校园、深入社区，将所学知识运用到实际服务中，不仅丰富了自身的实践经验，更在实践中不断提升解决实际问题的能力。

对于学生社会服务能力的培养，"社区教育服务站"发挥了关键作用。在参与社区服务项目时，学生需要与不同年龄、不同背景的社区居民沟通交流，了解他们的需求，并提供相应的帮助和支持。这一过程锻炼了学生的沟通能力、团队协作能力和社会责任感。在社区组织的关爱孤寡老人活动中，学生们定期上门看望老人，为他们打扫卫生、陪他们聊天解闷，在这个过程中学会了关心他人、倾听他人的需求，社会服务意识和能力得到了显著提升。

从社区教育发展的角度来看，"社区教育服务站"也产生了积极而深远的影响。大量学生的参与为社区带来了新的活力和资源。学生们凭借自身的专业知识和技能，为社区开展各类教育活动，如文化讲座、科技普及、艺术培训等，丰富了社区居民的精神文化生活，提升了社区居民的综合素质。同时，学生与社区居民的互动交流也促进了社区的和谐发展，营造了良好的社区氛围，推动了社区教育事业的蓬勃发展，实现了学校与社区的互利共赢。

第八章

教学评价与质量
保障体系建设

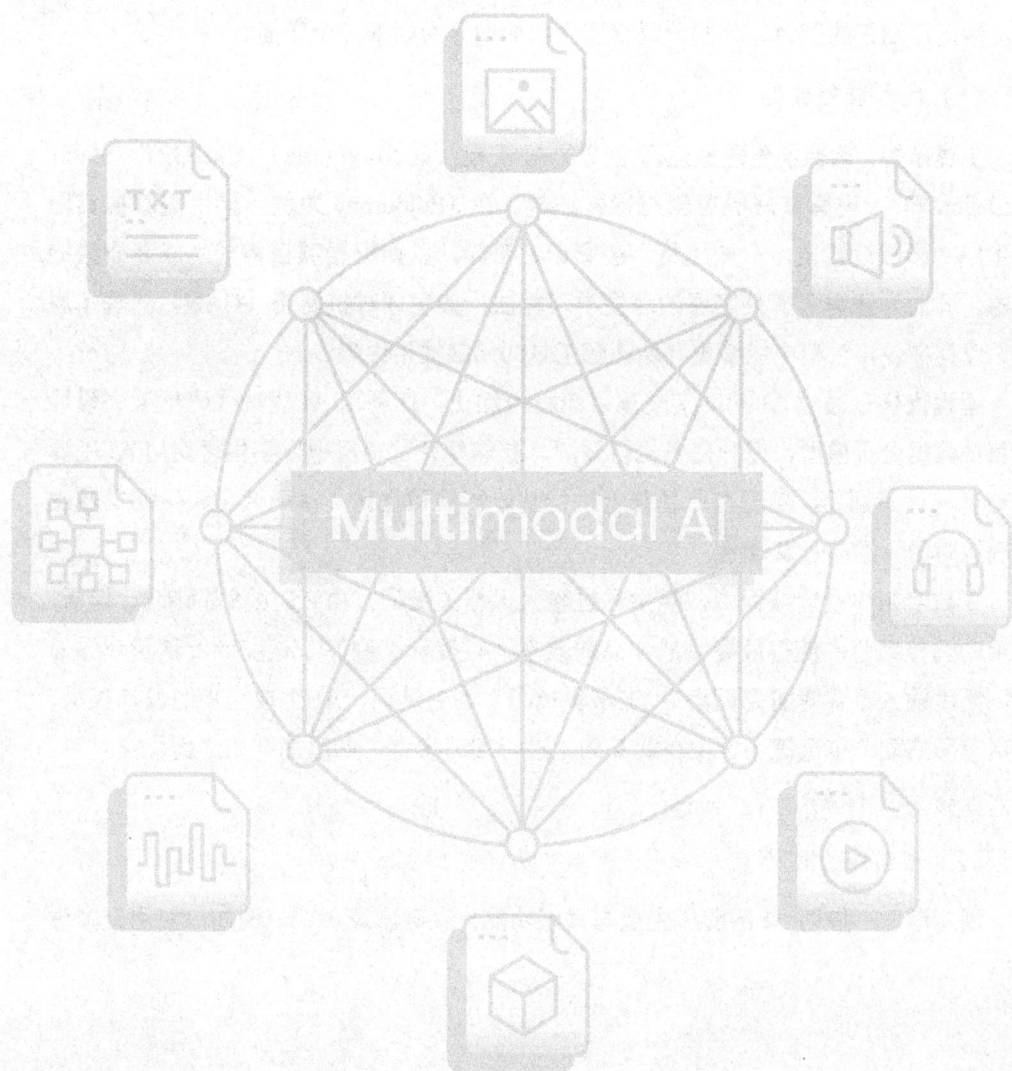

Multimodal AI

第一节　多维度评估指标的构建

一、评价目标与原则

1. 评价目标的深化阐释

在生成式人工智能时代的曙光下，教学评价的目标必须挣脱那些古老的桎梏，迈向一个以"人机协同能力"的全面培养为核心的新纪元。教学评价的目标不再是单纯地衡量学生对知识的掌握程度，而是要更深层次地考查学生在人机协作的环境中灵活运用知识的能力。我们可以将这个目标细分为以下三个层面。

（1）技术应用目标

工具掌握：确保学生熟练运用生成式 AI 工具（如 Midjourney、ChatGPT、Stable Diffusion 等），理解其底层逻辑与操作边界。以 Midjourney 为例，学生需掌握其图像生成的参数设置技巧，如风格、色彩、细节等，以便根据项目需求生成高质量的图像。同时，还需了解其底层的深度学习算法，如生成对抗网络（GAN）的基本原理，以便在使用过程中能够更好地理解工具的局限性和优势。

流程优化：通过 AI 辅助实现项目流程自动化，如利用 AI 生成代码框架、设计草稿或数据分析模型，提升任务执行效率。在软件开发项目中，学生可使用 AI 工具自动生成代码框架，然后在此基础上进行功能扩展和优化，从而节省大量编写基础代码的时间，提高开发效率。

在数字媒体设计课程中，学生通过输入风格关键词，由 AI 生成基础设计模板，再手动调整细节，使得最终完成作品的效率大幅提升。例如，在设计一款游戏界面时，学生输入"赛博朋克风格""未来科技感"等关键词，AI 生成初步的设计模板，包括色彩搭配、布局等，学生在此基础上进行细节调整，如添加特效、优化交互等，大大提高了设计效率。

（2）创新能力目标

创意激发：借助 AI 的随机生成与联想功能，突破思维定式。例如，使用文本生成模型辅助剧本创作，通过 AI 生成多个故事线分支供学生选择。学生可以根据这些分支进行进一步的创作和拓展，从而培养创新思维和故事构建能力。

人机互补：强调"人类主导创意、AI 辅助执行"的协同模式。统计显示，采用 AI 辅助的团队在原创性评分中比纯人工组高 15%。在设计项目中，学生负责提出创意概念和设计方向，AI 则根据这些要求生成初步的设计方案或元素，学生再对这些方案进行筛选和优化，最终形成具有创新性的设计作品。

（3）职业素养目标

伦理判断：培养学生对 AI 生成内容的版权意识与伦理审查能力，识别 AI 生成图像是否涉及肖像权侵权。学生需了解相关法律法规，如《中华人民共和国著作权法》等，确保在使用 AI 生成内容时不会侵犯他人的合法权益。

跨角色协作：在虚拟团队中，学生需同时扮演"设计师""技术员""伦理审查员"等角色，模拟真实职场环境。通过这种方式，学生可以全面了解项目开发的各个环节，培养团队协作能力和跨角色沟通能力，为未来的职业发展打下坚实基础。

2. 评价原则的理论依据与实施路径

以下四项原则构成评价体系的基石，每项原则均需结合教育理论与技术特性展开。

（1）全面性原则

理论支持：基于加德纳多元智能理论，评价需覆盖逻辑数学、空间感知、人际交往等多元维度。加德纳认为，人类至少存在八种不同类型的智能，包括语言智能、逻辑 - 数学智能、空间智能、身体 - 运动智能、音乐智能、人际智能、内省智能和自然观察者智能。在高职项目教学评价中，应充分考虑这些不同类型的智能，以全面评估学生的综合能力。

知识维度：设置 AI 工具原理考核（如 Transformer 架构基础）。通过书面考试或在线测试等方式，考查学生对 AI 工具的理论知识掌握程度，如 Transformer 架构的基本原理、优势和应用场景等。

技能维度：通过虚拟仿真平台记录操作轨迹，分析快捷键使用频率、错误修复策略等。利用虚拟仿真平台，记录学生在使用 AI 工具过程中的操作行为，如快捷键的使用频率、操作的准确性等，以此评估学生的技能水平和操作熟练度。

态度维度：采用 AI 情感分析工具（如 IBM Watson Tone Analyzer）解析项目日志中的情绪倾向。通过分析学生在项目日志中表达的情绪和态度，了解学生在项目实施过程中的情感变化和投入程度，以此评估学生的学习态度和积极性。

（2）真实性原则

行业对接：引入企业真实需求作为评价场景。例如，与广告公司合作，要求学生使用 AI 工具完成品牌视觉方案，由企业导师参与评分。通过这种方式，使学生了解行业实际需求和标准，提高学生的实践能力和就业竞争力。

数字孪生环境：构建虚拟工作室，模拟企业级软硬件配置（如 Adobe Creative Cloud+AI 插件）。通过数字孪生技术，创建与企业实际工作环境高度相似的虚拟工作室，让学生在虚拟环境中进行项目实践，提高学生的适应能力和实践能力。

动态数据反馈：通过 API 实时获取行业趋势数据（如 Pantone 年度流行色），调整评价标准。利用 API 获取最新的行业数据，如流行色、设计趋势等，使评价标准与时俱进，确保学生的作品符合行业发展趋势。

（3）发展性原则

AI 驱动的学情画像：整合学生历次项目数据（如任务耗时、创意重复率、协作贡献度），生成能力雷达图。通过收集和分析学生在各个项目中的表现数据，生成学生的能力画像，以直观的方式展示学生的优势和不足，为学生提供个性化的学习建议和发展方向。

自适应学习路径：基于画像结果，系统自动推送专项训练（如对"色彩搭配能力薄弱"学生推荐 AI 配色工具教程）。根据学生的能力画像，系统自动为学生推荐合适的学习资源和训练课程，帮助学生有针对性地提升自己的能力，实现个性化学习和发展。

（4）人机协同性原则

AI 评委系统：训练专用模型评估作品质量。使用 StyleGAN 生成对抗网络来判断设计作品的风格一致性。通过训练 AI 模型，使其能够对学生的作业进行客观、公正的评价，提供量化的评价指标，如设计作品的风格一致性、创意性等。

人类仲裁机制：对 AI 评分结果设置 ±15% 的人工修正区间。在 AI 评价的基础上，引入人类仲裁机制，对 AI 的评分结果进行人工复核和修正，确保评价结果的准确性和公正性，防止因算法偏见导致的评价误差。

二、评价指标体系的精细化设计

1. 核心维度的扩展与权重分配

基于生成式 AI 技术的特性，指标体系需在传统维度基础上进行重构，详见表 8-1。

表 8-1 评价指标体系

维度	二级指标	权重	评价要点	案例分析
知识应用	1.1 AI 工具原理理解	15%	解释生成式模型工作原理（如扩散模型、注意力机制）	在数字媒体设计课程中，学生需理解 Stable Diffusion 的扩散模型原理，以及其在图像生成中的应用。通过课堂讲解和实验操作，学生能够掌握扩散模型的基本概念和工作流程，从而更好地运用该工具进行设计创作
	1.2 技术边界认知	10%	识别 AI 生成内容的局限性（如手部绘制缺陷、逻辑矛盾）	在使用 AI 工具生成人物图像时，学生需了解其在手部绘制方面的局限性，如手指数量错误、手部姿势不自然等。通过实际案例分析，学生能够识别这些问题，并在使用过程中加以注意和修正
实践能力	2.1 任务分解与 AI 工具匹配	15%	根据项目需求选择合适工具链（如 3D 建模优先使用 Blender+AI 拓扑优化插件）	在 3D 建模项目中，学生需根据项目需求选择合适的工具链。例如，对于复杂的拓扑结构优化，优先使用 Blender 结合 AI 拓扑优化插件，以提高建模效率和质量
	2.2 人机交互效率	10%	统计有效指令占比（如精确 Prompt 使用率）	在使用 ChatGPT 进行文本生成时，统计学生输入的有效指令占比。有效指令是指能够准确表达学生需求并获得满意结果的指令。通过提高有效指令的使用率，学生能够更高效地利用 AI 工具完成任务
创新能力	3.1 创意独特性	15%	通过 AI 查重系统比对行业案例库，计算相似度	在设计项目中，使用 AI 查重系统对学生的设计作品进行比对，计算其与行业案例库的相似度。相似度越低，说明作品的创意独特性越高
	3.2 技术融合度	15%	评估跨工具协同水平（如 AI 生成素材与手工调整的衔接流畅性）	在多媒体设计项目中，评估学生使用 AI 生成素材与手工调整的衔接流畅性。例如，AI 生成的图像与学生手动绘制的元素之间的过渡是否自然、协调

续表

维度	二级指标	权重	评价要点	案例分析
协作能力	4.1 虚拟团队管理	5%	分析在线协作平台（如 Figma）的版本贡献图谱	在团队项目中，通过分析 Figma 等在线协作平台的版本贡献图谱，评估学生在团队中的协作能力和贡献度
协作能力	4.2 人机责任分配	5%	检查任务分工文档，确认 AI 介入环节的合理性	在项目任务分工文档中，明确 AI 介入的环节和任务，确保 AI 的使用合理、有效，同时评估学生在人机协作中的责任分配和执行情况
伦理意识	5.1 版权合规性	5%	使用 TinEye 反向搜索验证素材原创性	在设计项目中，使用 TinEye 反向搜索工具验证学生使用的素材是否具有原创性，避免版权纠纷
伦理意识	5.2 社会影响评估	5%	提交 AI 作品的社会风险分析报告	在提交 AI 生成的作品时，学生需提供一份社会责任风险分析报告，评估作品可能产生的社会影响，如是否存在歧视性内容、是否符合社会道德和伦理标准等

2. 分级指标的具体化描述

为适应不同学习阶段，指标需设置阶梯式标准，可分为以下三级。

（1）初级（工具操作层）达标要求

能使用基础 AI 工具完成预设任务（如通过 DeepSeek 生成产品描述文案）。学生需掌握 DeepSeek 的基本使用方法，能够根据给定的产品信息生成准确、流畅的产品描述文案。

理解常见错误类型（如提示词模糊导致输出偏差）。学生需了解在使用 DeepSeek 时，提示词的模糊性可能导致输出结果的偏差，学会如何避免和修正这些问题。初级评价示例如表 8-2 所示。

表 8-2　初级评价示例

项目	内容	备注
任务	使用 Stable Diffusion 生成 10 张符合"赛博朋克风格"的草图。学生需根据"赛博朋克风格"的特点，设置合适的参数和提示词，生成符合要求的草图	
评分点	输出稳定性（80% 以上图像符合主题）、参数调整记录完整性。评估学生生成的图像中符合"赛博朋克风格"的比例，以及学生在生成过程中对参数调整的记录是否完整、详细	输出稳定性大于80%

（2）中级（综合应用层）达标要求

组合多个 AI 工具完成复杂任务（如用 DeepSeek 编写分镜脚本，配合 RunwayML 生成动态分镜）。学生需能够熟练使用多个 AI 工具，将其组合应用于复杂的项目任务中，如编写分镜脚本并生成动态分镜。

能对 AI 输出内容进行有效筛选与优化。学生需具备对 AI 生成结果进行筛选和优化的能力，确保最终输出内容符合项目要求和质量标准。中级评价示例如表 8-3 所示。

表 8-3　中级评价示例

项目	内容	备注
任务	为电商品牌设计 AI 辅助的全套视觉方案。学生需使用 AI 工具为电商品牌设计全套视觉方案，包括主图、详情页和短视频等	
评分点	风格统一性、人工修改占比（建议 30%～50%）。评估学生设计的视觉方案中各部分的风格统一性，以及人工修改的比例是否在合理范围内	需人工修改

（3）高级（创新优化层）达标要求

开发定制化 AI 工作流（如训练 LoRA 模型适配特定艺术风格）。学生需能够根据项目需求，开发定制化的 AI 工作流，如训练特定的艺术风格模型。

提出人机协同的原创方法论（如"三阶 Prompt 优化法"）。学生需提出具有创新性的人机协同方法论，如优化提示词的三阶方法，以提高 AI 工具的使用效果。高级评价示例如表 8-4 所示。

表 8-4　高级评价示例

项目	内容	备注
任务	构建基于生成式 AI 的动漫角色设计工业化流程。学生需构建一个完整的动漫角色设计流程，利用生成式 AI 技术提高设计效率和质量	
评分点	流程效率提升率、可复制性、商业转化潜力。评估学生构建的流程在效率提升、可复制性和商业转化潜力等方面的表现	考量商业转化

三、评价方法与工具的深度融合

1. 动态过程评价的技术实现

（1）AI 行为捕捉系统

硬件配置： 眼动仪追踪注意力分布（如检测学生是否过度依赖 AI 生成结果）。通过眼动仪记录学生在使用 AI 工具过程中的视线分布，分析学生对 AI 生成结果的关注程度，判断其是否过度依赖 AI。

键盘鼠标行为记录仪分析操作模式（如频繁撤销操作可能反映决策犹豫）。记录学生在使用 AI 工具过程中的键盘和鼠标操作行为，分析其操作模式，如频繁撤销操作可能表明学生在决策过程中存在犹豫。

软件算法： 使用 LSTM 时序模型识别典型工作模式（如"探索—优化—固化"三阶段特征）。利用 LSTM 时序模型对学生的行为数据进行分析，识别其典型的工作模式，如探索阶段、优化阶段和固化阶段的特征。

（2）认知负荷监测

生理信号分析： 通过智能手环采集心率变异性（HRV），评估任务难度适配性。利用智能手环采集学生的心率变异性数据，评估任务难度与学生认知负荷的匹配程度。

利用脑电波（EEG）设备检测学生认知状态。通过脑电波设备检测学生的 α 波与 θ 波比例，评估其创造性思维的活跃程度。

2. 成果导向评价的量化模型

AI 评分模型构建包含以下内容。

数据集准备： 收集历年优秀作品并建立基准库（需涵盖不同风格、技术路线）。收集历年优秀的学生作品，建立基准库，涵盖不同的风格和技术路线，为 AI 评分模型提供参考。

模型训练： 采用多模态融合网络（如 CLIP+VQA），实现图文联合分析。利用多模态融合网络，结合图像和文本信息，实现对学生作品的联合分析和评价。

在模型中设置可解释性模块，如注意力热力图，使评分过程透明、可信，便于学生和教师理解。

数字作品集分析：使用 IPFS 分布式存储技术，确保作品版权可追溯。利用 IPFS 分布式存储技术，存储学生的作品集，确保作品的版权可追溯、可验证。

对作品进行元数据标注，记录创作工具链、AI 参与度、修改历史等信息，为作品分析提供数据支持。

智能对比功能：基于 Siamese 网络计算作品相似度，防范抄袭风险。利用 Siamese 网络计算学生作品之间的相似度，防范抄袭风险，确保作品的原创性。

生成学生作品的风格迁移图谱，可视化展示学生创作能力的发展路径，为教学提供参考。

3. 多元主体评价的协同机制

AI- 教师协同评价包含以下内容。

分工模式：AI 评价系统负责对学生作品的量化指标进行评价，如色彩对比度、构图平衡性等；教师则侧重于对学生作品的质性评价，如文化内涵、情感表达等。

争议处理：当 AI 评价与教师评价的差异超过20%时，触发第三方专家复核流程，由专家进行最终评价和裁决。

远程评审系统：搭建虚拟现实（VR）评审室，使行业专家能够 360° 查看学生的 3D 设计作品，提高评审的准确性和效率。同时，利用区块链存证技术，确保评分过程的数据不可篡改，保证评价的公正性和透明性。

动态权重调整：根据行业专家的专长领域（如技术、艺术、商业），自动分配其在评价过程中的话语权占比，使评价结果更加科学、合理。

四、实施挑战与应对策略

1. 技术伦理风险管控

数据偏见防范：定期对 AI 模型的训练数据进行清洗，删除其中涉及性别、种族刻板印象的内容，防止数据偏见。

在评分模型中嵌入公平性约束（如 Demographic Parity），确保不同性别、种族等群体的评分差异率小于 5%，保证评价的公平性。

透明度保障：公开 AI 评分模型的性能指标，如 F1 值、AUC 等，确保模型的透明度和可信度。F1 值是分类模型中综合评估精确率（Precision）和召回率（Recall）

的指标，通过两者的调和平均数计算得出。确保模型在识别优秀学生时兼顾准确性与覆盖率，避免因过度严格（高精确率、低召回率）或过度宽松（低精确率、高召回率）导致评价不公。AUC 是 ROC 曲线下方的面积，用于衡量分类模型在不同阈值下的整体区分能力。验证模型对全体学生的综合区分能力，避免因评分规则设计缺陷导致部分群体被系统性低估。

为学生提供评分依据查询接口，展示影响评分的前三个因素，使学生了解评分的依据和原因。

2. 教师角色转型支持

教师能力重塑：为教师开设"AI 教学策略"工作坊，培训教师的人机协同教学设计能力，使其能够更好地适应生成式 AI 时代的教学需求。

建立教师与工程师的结对制度，促进跨领域的知识转移和合作，提高教师的技术水平和教学能力。

3. 基础设施升级路径

算力资源配置：采用混合云架构，将基础训练任务放在公有云平台上，如 AWS SageMaker，而敏感数据则在本地进行处理，确保数据安全。

部署边缘计算节点，靠近数据源进行计算，降低实时评价的延迟，提高评价的效率和响应速度。

标准化接口开发：制定教育专用的 API 规范，实现不同 AI 工具之间的数据互通和互操作性，方便教师和学生使用。

开发低代码的评价面板，支持教师根据教学需求自定义评价指标的权重，提高评价的灵活性和适应性。

五、实证研究与效果验证

1. 试点项目数据分析

某高职数字媒体专业开展为期 2 学期的对照实验，评价数据如表 8-5 所示。

表 8-5　数字媒体专业评价对照表

组别	传统评价组	AI 增强评价组	差异分析
项目 完成效率	78.2%	92.4%	AI 增强评价组的项目完成效率显著高于传统评价组，表明 AI 技术的应用能够有效提高学生的学习效率和项目完成速度
创意评分	6.8/10	8.3/10	AI 增强评价组的创意评分显著高于传统评价组，说明 AI 技术能够激发学生的创新思维，提高作品的创意性
就业 对口率	67%	89%	AI 增强评价组的就业对口率显著高于传统评价组，表明 AI 技术的应用能够提高学生的就业竞争力，使其更好地适应行业需求

2. 质性反馈总结

学生评价：AI 的实时反馈能够帮助他们及时发现自己的不足，如过度依赖 AI 生成的素材，从而主动加强手绘等人工核心能力的训练。

企业反馈：采用新评价体系培养的学生能够快速适应企业的 AI 设计流水线，具备较强的人机分工意识，表现出色。

多维度评估指标的构建是生成式人工智能时代教学改革的枢纽工程。通过深度融合技术工具、重构评价逻辑、完善保障机制，该体系不仅提升了评价的精准度与效率，更重要的是培养了符合未来职场需求的人机协同型人才。后续研究需持续跟踪技术演进，动态优化指标体系，确保教育评价始终引领教学创新方向。

第二节　全流程实时教学反馈机制建设

一、全流程实时教学反馈机制的核心理念与架构设计

1. 定义与目标

全流程实时教学反馈机制是一种基于生成式人工智能技术的动态教学支持系统，贯穿"课前诊断—课中干预—课后优化"的全周期，旨在通过数据驱动的即时反馈，实现教学精准化、学习个性化和质量可控化。其核心目标包括：

动态适应性：根据学生实时表现调整教学策略，消除传统教学中的"延迟响应"弊端。在传统教学中，教师往往需要在课后或阶段性测试后才能发现学生的学习问题，而全流程实时教学反馈机制能够实时监测学生的学习状态，及时发现问题并做出调整。例如，当系统检测到学生在某个知识点上的掌握情况不佳时，可以立即调整教学内容和节奏，提供针对性的辅导和练习，确保学生能够及时掌握所学知识。

人机协同性：通过 AI 辅助决策与人工审核的结合，提升反馈的客观性与可操作性。AI 技术能够对大量的教学数据进行快速分析和处理，提供客观、量化的反馈信息，帮助教师更全面地了解学生的学习情况。同时，教师的人工审核和干预能够确保反馈的准确性和合理性，避免 AI 技术可能带来的偏差和误判。例如，在评价学生的创意作品时，AI 可以从技术实现、创意独特性等多个维度进行量化评分，教师则可以结合学生的创作过程和背景，进行综合评价和指导。

闭环优化：形成"数据采集→分析诊断→反馈执行→效果验证"的完整迭代链条。全流程实时教学反馈机制不仅关注数据的采集和分析，还强调将分析结果及时反馈给教师和学生，并通过教学实践进行验证和优化。系统在采集到学生的学习数据后，会进行实时分析和诊断，生成个性化的学习建议和教学策略，教师根据这些建议进行教学干预，学生在接收到反馈后进行相应的学习调整，最后通过后续的学习表现和成果来验证反馈的效果，形成一个闭环的优化过程。

2. 技术架构设计

系统采用分层架构，各模块协同实现全流程覆盖（表 8-6）。

（1）感知层

部署多模态数据采集设备（如智能手环、眼动仪、语音识别麦克风）及软件埋点（如设计软件操作日志、AI 工具 API 调用记录）。这些设备和软件能够实时采集学生的学习行为、生理状态、操作记录等多维度数据，为后续的分析和反馈提供丰富的数据源。智能手环可以监测学生的心率、运动状态等生理数据，眼动仪可以记录学生的视线焦点和阅读路径，语音识别麦克风可以捕捉学生的语音交流和表达，设计软件操作日志可以记录学生在软件中的操作步骤和时间，AI 工具 API 调用记录可以追踪学生对 AI 工具的使用情况和参数设置。

（2）计算层

边缘计算节点：处理实时性要求高的任务（如课堂行为识别），延迟控制在 200ms 以内。边缘计算节点部署在靠近数据采集设备的位置，能够快速处理和分析实时数据，确保教学反馈的及时性和有效性。在课堂上，边缘计算节点可以实时分析学生的课堂行为，如注意力集中程度、参与度等，及时发现学生的学习状态变化，并在 200ms 内给出反馈，提醒教师进行相应的教学调整。

云端 AI 引擎：运行复杂模型（如 LSTM 时序预测、多模态融合分析），支持大规模并行计算。云端 AI 引擎负责处理更复杂的分析任务，对学生的学习趋势进行预测、对多模态数据进行融合分析等。通过大规模并行计算，云端 AI 引擎能够快速生成分析结果，为教学决策提供有力支持。LSTM 时序预测模型可以基于学生的历史学习数据，预测其未来的学习表现和可能遇到的问题，多模态融合分析模型可以将学生的生理数据、行为数据、学习成果等多维度数据进行融合分析，更全面地评估学生的学习状态。

（3）应用层

教师驾驶舱：可视化仪表盘展示班级整体学情、个体异常预警、教学建议。教师驾驶舱为教师提供了一个直观、便捷的教学管理平台，通过可视化仪表盘，教师可以实时了解班级的整体学习情况，包括学生的学习进度、掌握程度、参与度等，还可以及时发现个体学生的异常情况，如学习困难、情绪波动等，并接收系统提供的教学建议和干预措施。教师驾驶舱可以显示班级学生在各个知识点上的掌握情况分布图，帮助教师快速定位需要重点关注的知识点和学生。

学生终端：拥有个性化反馈推送（如技能短板提示、推荐学习资源）、虚拟助手答疑等功能。学生终端为学生提供个性化的学习支持，根据学生的学习情况和需求，推送针对性的学习反馈和资源推荐，如技能短板提示、学习方法建议、相关学习资源等。同时，学生还可以通过虚拟助手进行问题咨询和答疑，获得及时的学习帮助。当系统检测到学生在某个技能方面存在短板时，会自动推送相关的学习资源和练习题，帮助学生进行针对性的提升。

（4）存储层

区块链存证：关键教学过程数据（如作品版权登记、评分记录）上链存证，确保不可篡改。区块链技术的引入，确保了关键教学数据的安全性和可信度，防止数据被篡改或伪造。学生的优秀作品版权登记信息、评分记录等关键数据，通过区块链存证，可以确保其真实性和完整性，为教学评价和学生作品的知识产权保护提供有力保障。

分布式数据库：采用 MongoDB 分片集群存储非结构化数据（如设计草图迭代版本）。分布式数据库能够高效存储和管理大量的非结构化数据，如学生的设计草图、作品迭代版本等。通过 MongoDB 分片集群，可以实现数据的高可用性和扩展性，确保教学数据的稳定存储和快速访问。例如，学生在设计课程中生成的草图迭代版本，可以完整地存储在分布式数据库中，方便学生和教师随时查看和对比，了解设计思路的演变过程。

表 8-6　全流程实时教学反馈机制技术架构

层级	描述
感知层	部署多模态数据采集设备和软件埋点
计算层	包括边缘计算节点和云端 AI 引擎
应用层	提供教师驾驶舱和学生终端功能
存储层	包含区块链存证和分布式数据库

二、课前阶段：精准诊断与资源预配置

1. AI 能力画像构建

通过多维数据融合生成学生初始能力图谱。

（1）知识储备诊断

智能题库自适应测试：使用 IRT（项目反应理论）算法动态调整题目难度，20分钟内完成精准定位。智能题库系统根据学生的答题情况，实时调整后续题目的难度，确保测试结果能够准确反映学生的真实知识水平。例如当学生连续答对几道较难的题目时，系统会自动提高后续题目的难度，反之则降低难度，通过这种方式，可以在短时间内精准定位学生在各个知识点上的掌握程度。

先验知识图谱比对：将测试结果与领域知识图谱（三维建模技能树）对照，识

别断层节点。通过将学生的测试结果与领域知识图谱进行比对，可以直观地发现学生在知识体系中的薄弱环节和断层节点。例如在数字媒体专业的三维建模课程中，系统可以根据学生的测试结果，将其在建模技能树中的各个节点进行标记，清晰地显示出学生在哪些技能环节存在不足，为后续的教学干预提供明确的方向。

（2）技能基础评估

虚拟仿真操作考核：在数字孪生环境中模拟真实工具操作（如 Blender 基础建模），记录错误类型与耗时分布。通过虚拟仿真环境，学生可以进行真实工具的操作练习，系统会记录学生的操作过程，包括错误类型、耗时分布等数据，从而评估学生的技能熟练度和操作规范性。在 Blender 基础建模考核中，系统可以记录学生在建模过程中的错误操作次数、类型，以及每个步骤的耗时，通过这些数据，教师可以了解学生在建模技能上的优势和不足，为个性化教学提供依据。

AI 视频行为分析：通过 OpenPose 算法识别手部操作轨迹，评估软件熟练度（如快捷键使用频率）。利用 AI 视频分析技术，可以对学生在操作软件时的手部动作进行识别和分析，评估学生的软件熟练度和操作习惯。通过 OpenPose 算法，系统可以识别学生在使用设计软件时的手部操作轨迹，分析快捷键的使用频率和操作流畅度，从而判断学生对软件的熟练程度，为教学指导提供参考。

（3）学习风格识别

MBTI-AI 分类模型：基于历史学习数据（如资源浏览偏好、任务完成顺序）预测学习风格类型。通过分析学生的历史学习数据，如对不同类型学习资源的浏览偏好、完成任务的顺序等，MBTI-AI 分类模型可以预测学生的学习风格类型，如视觉型、听觉型、动手型等。如果学生在学习过程中更倾向于浏览图片、视频等视觉资源，模型可能会预测其为视觉型学习风格，教师可以根据这一预测，为学生提供更符合其学习风格的教学资源和方法。

认知负荷测算：通过初始任务中的眼动聚焦热点图与心率变异性（HRV），判断信息处理模式（序列型/整体型）。通过眼动追踪和生理信号监测技术，可以了解学生在处理信息时的认知负荷和信息处理模式。在初始任务中，通过眼动聚焦热点图，可以了解学生的注意力分布和信息获取方式，通过心率变异性（HRV）数据，可以判断学生的认知负荷水平，从而判断学生是更倾向于序列型的信息处理方式（逐步分析），还是整体型的信息处理方式（全局把握），为教学方法的选择提供依据。

2. 个性化学习资源推送

根据诊断结果生成"千人千面"的资源包。

（1）内容匹配算法

协同过滤推荐：聚类相似画像学生群体，推荐高采纳率资源（如某类风格教程被视觉设计组 80% 的学生收藏）。通过协同过滤技术，系统可以将具有相似学习特征和需求的学生进行聚类，为他们推荐被高比例采纳的学习资源，提高资源的推荐准确性和有效性。

知识补全引擎：针对断层知识点自动生成微课视频。知识补全引擎可以根据学生的知识断层情况，自动生成针对性的微课视频，帮助学生弥补知识短板。例如，在三维建模课程中对于在 UV 展开环节存在薄弱点的学生，系统会自动生成"拓扑优化 7 步法"动画视频，通过生动的动画演示和详细的讲解，帮助学生快速掌握 UV 展开的关键步骤和技巧。

（2）形式自适应优化

多模态资源转换：允许学生在文本手册、交互式 H5、AR 演示三种形式间自由切换，系统记录偏好并优化后续推送。系统提供多种模态的学习资源，如文本手册、交互式 H5、AR 演示等，学生可以根据自己的学习习惯和偏好自由选择和切换。系统会记录学生对不同模态资源的使用偏好，根据这些数据优化后续的资源推送策略，为学生提供更符合其学习风格的学习资源。如果学生更倾向于使用 AR 演示资源，系统会在后续推送中增加 AR 资源的比例，提高学生的学习体验和效果。

难度渐进控制：采用强化学习算法动态调整资源难度，确保挑战性。通过强化学习算法，系统可以根据学生的学习进度和表现，动态调整学习资源的难度，确保学习过程始终保持适度的挑战性，保持学生的学习动力和兴趣，促进学生的学习效果提升。

3. 教学策略预调整

教师端基于群体画像优化课程设计。

班级能力热力图：可视化展示技能分布，指导分组策略。班级能力热力图可以直观地展示班级学生在各个技能环节上的分布情况，帮助教师了解班级的整体学习状况和技能短板，从而有针对性地加强这部分学生的技能训练。

AI 教案助手：自动生成教学脚本，输入教学目标后，DeepSeek 生成包含案例选择、时间分配、常见问题预案的详细方案。AI 教案助手可以根据教师输入的教学目标，利用 DeepSeek 等先进的人工智能技术，自动生成详细的教学脚本，包括案例选择、时间分配、常见问题预案等内容。例如，教师输入本次课程的教学目标是"掌握三维建模的基本技巧"，AI 教案助手会生成相应的教学脚本，包括选择哪些案例进行讲解、每个环节的时间分配、可能出现的学生问题及应对预案等，帮助教师更好地组织教学活动。

风险预测模块：结合往届数据预测潜在瓶颈。风险预测模块通过分析往届学生的数据，预测当前班级学生在学习过程中可能遇到的瓶颈和困难。例如根据往届数据，曲面建模环节是学生普遍感到困难的部分，预计有 40% 的学生需要额外的辅导。教师可以根据这一预测，提前准备相应的教学资源和辅导计划，确保学生能够顺利掌握这一环节的知识和技能。

三、课中阶段：动态监测与即时干预

1. 多模态课堂行为感知

通过融合传感器与软件数据实现全景监控。

（1）生理信号监测

采用 Emotiv Epoc+ 脑电头戴设备，检测 α 波（放松）、β 波（专注）、θ 波（创造力）比例，实时评估认知状态。脑电头戴设备可以实时监测学生的脑电波信号，通过分析 α 波、β 波、θ 波的比例，评估学生的认知状态，如放松程度、专注程度、创造力水平等。在课堂上，当 β 波比例较高时，说明学生处于高度专注状态，教师可以继续保持当前的教学节奏和内容；当 α 波比例较高时，说明学生处于放松状态，教师可以适当调整教学方式，增加互动环节，提高学生的专注度。

采用 Galvanic Skin Response（GSR）传感器，通过皮肤电导变化识别焦虑 / 兴奋情绪，及时调整任务难度。GSR 传感器可以监测学生的皮肤电导变化，从而识别学生的情绪状态，如焦虑、兴奋等。例如，当监测到学生的 GSR 值升高，表明学生可能处于焦虑状态，教师可以及时调整任务难度，降低学生的焦虑感，帮助学生更好地完成学习任务。

（2）操作行为分析

设计软件插件埋点：记录 Photoshop 中图层面板使用频率、撤销操作次数等微观行为。通过在设计软件中嵌入插件埋点，可以记录学生的微观操作行为，如图层面板的使用频率、撤销操作次数等。这些数据可以反映学生的操作熟练度和思考过程。频繁的撤销操作可能表明学生在设计过程中遇到了困难或疑问，教师可以及时给予指导和帮助。

AI 屏幕录像分析：采用 YOLOv5 识别屏幕内容变化（如频繁切换参考图预示着创意枯竭）。通过 AI 屏幕录像分析技术，可以实时监测学生的屏幕内容变化，如频繁切换参考图、操作停滞等。当学生频繁切换参考图时，可能表明其创意枯竭，教师可以及时提供创意启发或引导学生调整设计思路。

2. 实时预警与自适应调节

建立三级响应机制应对不同风险等级。

（1）黄色预警（建议级）

效率低下提示：当操作间隔超过 90 秒时，虚拟助手弹出快捷操作提示（如"Ctrl+Z 可撤销上一步"）。当系统监测到学生在操作过程中出现长时间间隔（超过 90 秒），可能表明学生在某个环节遇到了困难或效率低下，虚拟助手会及时弹出快捷操作提示，帮助学生提高操作效率。例如提示学生使用"Ctrl+Z"快捷键撤销上一步操作，避免不必要的重复操作。

创意趋同警报：当系统通过 CLIP 模型比对发现全班学生的作业作品相似度超过 60% 时，会触发创意趋同警报，提示教师引导学生引入外部灵感源，鼓励学生发挥创意，避免作业作品过于雷同。教师可以推荐一些优秀的创意作品集、设计案例等，激发学生的创意灵感。

（2）橙色预警（干预级）

认知过载保护：连续 30 分钟 β 波占比＞70% 时，强制启动 5 分钟正念呼吸引导。当系统监测到学生连续 30 分钟 β 波占比超过 70%，表明学生可能处于过度紧张和认知过载状态，系统会强制启动 5 分钟的正念呼吸引导，帮助学生放松身心，缓解紧张情绪，恢复良好的学习状态。

技术误用阻断：检测到违规操作（如用 Stable Diffusion 生成暴力内容），自动冻结工具并推送伦理指南。当系统检测到学生在使用技术工具时出现违规操作，如使用 Stable Diffusion 生成暴力、色情等不当内容，会立即自动冻结相关工具，并向学生推送伦理指南，提醒学生遵守伦理规范和技术使用规则。

（3）红色预警（人工介入级）

严重技能缺陷：若某步骤失败次数达班级平均失败次数的 3 倍以上，触发教师端弹窗并推荐 1 对 1 辅导时段。当系统监测到某个学生在某个步骤的失败次数达到班级平均值的 3 倍以上，表明该学生可能存在严重的技能缺陷，系统会触发教师端弹窗，提醒教师进行人工干预，并推荐 1 对 1 的辅导时段，帮助学生解决技能问题，使其跟上班级学习进度。

团队协作崩溃：通过 Slack 聊天记录情感分析（VADER 算法），识别冲突征兆并通知教师调解。当系统通过分析团队协作工具（如 Slack）的聊天记录，利用 VADER 算法识别到团队成员之间存在冲突征兆时，会立即通知教师进行调解，帮助学生解决团队协作中的问题，恢复良好的团队合作氛围。

3. 生成式 AI 的动态介入策略

根据实时需求调整人机分工比例。

辅助模式（AI 占比 30%）：自动化素材生成，输入关键词由 Midjourney 生成 5 版草图供学生选择，保留人工筛选与修改权。在辅助模式下，学生可以输入关键词，由 Midjourney 自动生成 5 版草图供选择，学生保留对草图的筛选和修改权利，AI 主要起到辅助创意和提供参考的作用。例如，在设计一个游戏角色时，学生输入"赛博朋克风格的女战士"等关键词，Midjourney 会生成 5 版不同风格的草图，学生可以根据自己的创意和需求进行选择和修改，最终形成符合自己设计理念的作品。

代码补全建议：GitHub Copilot 提供函数级建议，学生需在理解逻辑后手动整合。在编程课程中，GitHub Copilot 可以为学生提供函数级的代码补全建议，学生需要理解建议代码的逻辑和功能，手动将其整合到自己的代码中，确保代码的完整性和正确性。例如，在编写一个游戏脚本时，GitHub Copilot 可以根据学生的代码上下文，提供相关的函数级建议，学生需要理解这些建议的含义，将其合理地融入自己的脚本中，实现所需的功能。

协作模式（AI 占比 50%）：创意增强循环，学生绘制初稿 → AI 生成 10 种衍生方案→人工选择并二次创作→ AI 优化细节，形成迭代闭环。在协作模式下，学生和 AI 形成一个创意增强的循环，学生首先绘制初稿，然后 AI 生成 10 种衍生方案供学生选择，学生选择其中一个方案进行二次创作，最后再由 AI 对细节进行优化，形成一个完整的迭代闭环。例如，在设计一个游戏场景时，学生绘制出初步的场景草图，AI 根据草图生成 10 种不同的场景衍生方案，学生选择一个最喜欢的方案进行进一步的创作和细化，最后由 AI 对场景的细节进行优化，如光影效果、材质纹理等，使场景更加逼真和美观。

跨工具流水线：AI 自动转换文件格式（如 FBX → GLB）、批量渲染低模预览，释放学生创造力。AI 可以自动完成文件格式的转换和批量渲染等重复性工作，如将 FBX 文件转换为 GLB 文件、批量渲染低模预览等，让学生从烦琐的技术操作中解放出来，专注于创意和设计。例如，在游戏开发课程中，学生只需要将设计好的模型文件交给 AI 处理，AI 会自动完成格式转换和渲染工作，生成可供游戏引擎使用的文件格式和预览效果，学生可以将更多的时间和精力投入到创意和设计中。

自主模式（AI 占比 70%）：紧急任务接管，当任务截止剩余时间＜30% 且完成度＜50% 时，AI 自动填充标准化模块（如 UI 按钮库）。在自主模式下，当学生面临紧急任务，如截止时间临近但完成度较低时，AI 会自动接管部分任务，填充标准化模块，确保任务能够按时完成。例如，在游戏开发项目中，当截止时间剩余不到 30%，而学生的完成度还不到 50% 时，AI 会自动填充一些标准化的 UI 按钮库，让学生能够快速完成 UI 设计部分，争取更多的时间用于其他关键环节的开发。

残障学生支持：对于行动不便的残障学生，系统可以启用语音控制和 AI 手势预测功能，让学生能够通过语音指令和简单的手势操作完成学习任务，确保所有学生都能公平地参与学习活动。例如，行动不便的学生可以通过语音指令控制设计软件的操作，如"打开图层""调整颜色"等，AI 手势预测可以根据学生的简单手势动作，预测其操作意图，帮助学生完成复杂的设计任务。

四、课后阶段：闭环优化与持续改进

1. 智能学习报告生成

基于全流程数据生成多维分析报告：能力维度雷达图，对比班级平均线显示相对强弱项。智能学习报告会生成能力维度雷达图，将学生在各个能力维度上的表现与班级平均线进行对比，直观地显示学生的相对强弱项。例如雷达图可以显示学生的色彩搭配能力优于 87% 的同学，但在三维空间感方面仅超过 35% 的同学，通过这种对比，学生可以清楚地了解自己的优势和不足，从而有针对性地进行提升。

学习路径回放：时间线可视化，展示关键决策点及其影响。学习路径回放功能通过时间线可视化，展示学生在学习过程中的关键决策点和其对学习结果的影响。例如，时间线显示学生在 14 点 32 分放弃了手绘方案，转向使用 AI 生成方案，通过对比后续的学习表现，可以分析这一决策对学生最终作品的影响，帮助学生总结经验教训，优化学习策略。

因果推理分析：通过贝叶斯网络识别成功因素。利用贝叶斯网络等因果推理分析技术生成智能学习报告，识别学生学习过程中的成功因素和影响因素。报告指出学生在增加材质参考图的浏览时间后，其作品渲染质量提升了 20%，通过这种因果关系的分析，学生可以了解哪些学习行为对提升学习效果有显著作用，从而在后续学习中加以强化。

行业对标建议：岗位技能差距分析，比照目标职位的招聘要求，生成针对性训练计划。智能学习报告会根据学生的专业方向和目标职位，对比分析学生的技能水平与行业招聘要求之间的差距，生成针对性的训练计划。例如建议学生进行专项训练，提高这些技能的熟练度，以满足未来职业发展的需求。

趋势预测模块：基于 LinkedIn 岗位数据预测未来 12 个月技能需求变化，推荐前瞻性学习内容。趋势预测模块通过分析 LinkedIn 等平台的岗位数据，预测未来 12 个月行业技能需求的变化趋势，为学生推荐前瞻性的学习内容。报告会建议学生提前学习相关技术知识，为未来的职业发展做好准备。

2. 教学策略动态优化

通过强化学习实现教案自进化。

A/B 测试引擎：平行班对比不同教学方案（如 A 组采用 AI 首稿生成，B 组坚持全手动），根据效果数据优选策略。A/B 测试引擎可以在平行班级中对比不同的教学方案，如 A 组采用 AI 首稿生成的教学方案，B 组坚持全手动的教学方案，通过收集和分析两组学生的学习效果数据，如作品质量、完成时间、学生满意度等，优选出更有效的教学策略。如果 A 组学生的作品质量普遍高于 B 组，且完成时间更短，说明 AI 首稿生成的教学方案更有效，教师可以在后续教学中推广这一方案。

自动生成实验报告，包含置信区间计算与显著性检验（$p<0.05$）。A/B 测试引擎会自动生成详细的实验报告，包括各组数据的统计分析、置信区间计算、显著性检验（p 值）等，确保实验结果的科学性和可靠性。如果实验报告显示 A 组和 B 组在作品质量上的差异具有显著性（$p<0.05$），说明这一差异不是偶然因素导致的，而是教学方案本身的效果。

痛点挖掘算法：关联规则挖掘，发现隐性规律。痛点挖掘算法通过关联规则挖掘技术，发现教学过程中的隐性规律和问题。例如，算法发现未完成预习视频的学生，其项目延期率高达 73%，这一发现可以帮助教师了解预习环节对学生学习效果的重要影响，从而采取相应的措施，如加强预习视频的督促和管理，提高学生的预习完成率。

根因分析树：通过决策树模型追溯问题源头。根因分析树利用决策树模型，追溯教学问题的源头和因果关系。例如，通过分析发现学生在贴图精度方面存在不足，进一步追溯发现是由于 UV 展开环节的失误，而 UV 展开失误的根源在于基础教学环节的缺失。教师可以根据这一分析结果，针对性地加强基础教学，提高学生的技能水平。

3. 长期追踪与档案建设（构建覆盖学业—职业全周期的数字档案）

跨课程能力迁移图谱：跨课程能力迁移图谱通过图神经网络技术，分析学生在不同课程之间的技能关联性和迁移效果。以数字媒体专业为例，图谱显示精通 Substance Painter 软件的学生，在 ZBrush 软件的雕刻效率上提升了 22%，这表明学生在材质绘制方面的技能，对其三维雕刻课程中的学习有积极的促进作用。教师可以根据这一图谱，优化课程设置和教学内容，加强课程之间的衔接和协同。

自动推荐跨学科选修课：根据学生的技能掌握情况和兴趣方向，系统会自动推荐跨学科的选修课程，帮助学生拓宽知识面，提升综合能力。对于影视后期专业的学生，系统会建议补充编程基础课程，以提高学生在特效制作、动画编程等方面的能力，使其更好地适应行业发展的需求。

职业发展追踪系统：校友数据回流，与企业 HR 系统对接，收集毕业生岗位表现数据。职业发展追踪系统通过与企业 HR 系统对接，收集毕业生在职场上的岗位表现数据，如晋升速度、项目获奖情况等，为学校的教学质量和人才培养效果提供反馈。通过收集数据发现，某专业的毕业生在进入企业后，晋升速度普遍较快，说明该专业的教学内容和培养模式与企业需求高度契合，学校可以继续保持和优化这一教学方向。

终身学习护照：基于 NFT 技术发放不可篡改的能力凭证，支持第三方机构联合签发。终身学习护照利用 NFT 技术，为学生发放不可篡改的能力凭证，记录学生在学业和职业发展过程中的各项技能和成就。这些凭证不仅可以由学校签发，还可以支持第三方机构联合签发，增加凭证的权威性和认可度。学生在获得某项技能证书后，该证书信息会被记录在终身学习护照中，作为学生能力的重要证明，为学生的职业发展和终身学习提供有力支持。

五、实施案例与效果验证

1. 数字媒体设计课程应用实例

某高职院校开展为期 1 学年的实践情况如表 8-7 所示。

表 8-7　实践情况表

指标	实验组	对照组	提升幅度	结果分析
项目平均耗时	18.7 小时	27.3 小时	−31.5%	实验组学生在项目完成时间上显著缩短，表明全流程实时教学反馈机制能够有效提高学生的学习效率和任务完成速度，可能是因为学生在学习过程中能够及时获得反馈和指导，减少了无效操作和时间浪费
创意评分（行业专家）	8.9/10	6.2/10	+43.5%	实验组学生的创意评分明显高于对照组，说明全流程实时教学反馈机制能够激发学生的创意和创新能力，可能是因为学生在学习过程中能够及时获得创意启发和建议，更好地发挥自己的创意潜力
工具切换频率	2.3 次 / 时	5.1 次 / 时	−54.9%	实验组学生在工具切换频率上显著降低，表明学生在学习过程中能更专注于当前任务，减少频繁切换工具带来的干扰和时间消耗，可能是因为系统提供了更高效、便捷的工具支持和操作建议
课后自主学习时长	4.2 时 / 周	1.8 时 / 周	+133.3%	实验组学生的课后自主学习时长显著增加，说明全流程实时教学反馈机制能够激发学生的学习兴趣和主动性，促使学生在课后主动进行学习和练习，进一步提升学习效果

2. 关键成功因素分析

即时正反馈循环：85% 的学生认为"每 15 分钟一次的进度提示"显著提升学习动力。通过每 15 分钟一次的进度提示，学生能够及时了解自己的学习进度和表现，获得即时的正反馈，从而增强学习动力和自信心。这种即时正反馈循环有助于学生保持良好的学习状态，积极投入到学习活动中。

风险前置化处理：通过课前诊断，使工具操作类问题发生率从 62% 降至 19%。课前诊断能够提前发现学生在工具操作方面的薄弱环节，教师可以提供针对性的辅导和练习，将潜在的学习风险前置化处理，有效降低工具操作类问题的发生率，提高学生的学习效率和质量。

人机权责明晰：规定 AI 介入不超过 70%，确保核心能力不被弱化。明确人机分工比例，确保 AI 介入不超过 70%，让学生在学习过程中始终保持主体地位，保证其核心能力得到充分锻炼和提升。这种人机权责明晰的机制，有助于平衡技术辅助与学生自主学习的关系，促进学生全面发展。

六、伦理风险与应对策略

1. 数据隐私保护

去标识化处理：所有行为数据经 k- 匿名化处理后方可进入分析池。为了保护学生的数据隐私，所有采集的行为数据在进入分析池之前，都会进行 k- 匿名化处理，确保 k 值不低于 10，防止数据被逆向工程或关联到个人身份。例如，在统计学生的操作行为数据时，会将数据进行匿名化处理，确保无法通过这些数据直接识别出具体的个人。

差分隐私技术：在统计报表中添加拉普拉斯噪声（$\varepsilon=0.5$），防止个体数据被逆向工程。在生成统计报表时，采用差分隐私技术，添加拉普拉斯噪声（$\varepsilon=0.5$），确保报表中的数据无法被逆向工程，保护个体数据的隐私。例如，在展示学生的平均学习时间等统计数据时，会添加适量的噪声，防止通过这些数据推断出某个学生的具体学习时间。

学生数据主权保障：提供"数据开关"功能，允许选择性关闭特定传感器（如脑电监测）。尊重学生的数据主权，系统提供"数据开关"功能，学生可以根据自己的意愿选择性地关闭特定的传感器，如脑电监测、眼动仪等，确保学生对自己的数据有完全的控制权。若学生不希望自己的脑电数据被采集，可以随时关闭脑电监测功能，系统会停止采集相关数据。

2. 算法公平性保障

偏见检测审计：定期用 FairFace 数据集测试评分模型，确保种族、性别识别误差率<3%。为了确保算法的公平性，系统会定期使用 FairFace 数据集对评分模型进行偏见检测审计，确保在种族、性别等方面的识别误差率低于 3%，防止算法对特定群体产生不公平的偏见。例如，在评价学生的创意作品时，系统会通过 FairFace 数据集测试评分模型，确保对不同种族、性别的学生作品评分不存在不公平的偏差。

可解释性增强：采用 LIME 算法生成局部解释，说明评分依据。为了增强算法的可解释性，系统采用 LIME 算法生成局部解释，详细说明评分依据和理由，让学生和教师能够理解评分结果的来源。例如，在对学生的作品构图进行评分时，系统会通过 LIME 算法生成解释，指出构图得分低的原因是主体物偏离了三分法轴线，帮助学生了解如何改进作品构图。

3. 技术依赖防控

人工能力基线维持：设定"无 AI 周"，强制学生完成全手动项目，维持基础能力水准。为了防止学生过度依赖技术，系统设定"无 AI 周"，在这一周内，学生需要完成全手动的项目，不使用任何 AI 工具，以维持和提升学生的基础能力。例如，在"无 AI 周"内，学生需要手动完成设计草图、编写代码等任务，通过实践锻炼自己的基础技能，避免因过度依赖 AI 而导致基础能力退化。

元认知训练：开设"AI 批判性使用"工作坊，培养技术决策意识（如何时应拒绝 AI 建议）。为了提高学生的元认知能力，系统开设"AI 批判性使用"工作坊，通过培训和实践，培养学生的技术决策意识，使学生能够理性地判断何时应接受 AI 的建议，何时应拒绝 AI 的建议。在工作坊中，学生会学习如何分析 AI 建议的合理性和适用性，以及在特定情境下如何做出最佳的技术决策，从而避免盲目依赖 AI，保持独立思考和判断能力。

对于以上伦理风险与应对策略的总结，见表 8-8。

表 8-8 伦理风险与应对策略

风险	应对措施
数据隐私保护	去标识化处理、差分隐私技术、学生数据主权保障
算法公平性保障	偏见检测审计、可解释性增强
技术依赖防控	人工能力基线维持、元认知训练

第三节 质量保障体系建设

一、教学质量监控机制

1. 监控内容的多维覆盖

（1）课程目标与行业需求的动态匹配

行业需求图谱构建：在当今竞争激烈的就业市场中，教育机构必须紧密跟踪行业动态，确保课程内容与企业实际需求高度契合。通过爬取企业招聘数据、技术白皮书与产业研究报告，运用自然语言处理技术提取生成式 AI 领域的核心能力需求，形成动态更新的能力指标库。针对 AIGC 设计岗位，监控课程是否覆盖 Stable Diffusion 参数调优、版权合规性判断等实践技能培训。通过对招聘数据的分析，可以发现企业对 AIGC 设计岗位的技能要求主要集中在图像生成、文本生成、数据处理等方面。教育机构可以根据这些需求，调整课程设置，增加相关实践课程，如 Stable Diffusion 参数调优课程，帮助学生掌握最新的图像生成技术。同时，版权合规性判断也是企业关注的重点，教育机构可以通过案例分析、模拟项目等方式，培养学生的版权意识和合规操作能力。

课程目标校准机制：为确保课程内容与行业需求的紧密对接，每学期通过校企联席研讨会，将行业需求关键词与课程大纲进行语义相似度分析，对匹配度低于70% 的模块启动内容重构流程。如果行业需求关键词为"大模型微调""AI 伦理审查"，而课程大纲中相关内容的匹配度低于 70%，则需要对课程内容进行调整和优化。具体来说，可以邀请企业专家参与课程设计，共同制定课程目标和教学内容，确保课程内容的实用性和前瞻性。同时，通过定期的校企联席研讨会，可以及时了解行业动态和企业需求变化，及时调整课程内容，保持课程的竞争力。

（2）生成式 AI 工具的教学适用性评估

技术效能评估矩阵：在引入新的生成式 AI 工具时，教育机构需要对其进行全面的技术效能评估，以确保其在教学中的适用性和有效性。评估矩阵从工具性能、教育适配度、伦理合规性三个维度建立工具准入标准。工具性能评估主要关注工具的生成速度、准确性、稳定性等方面；教育适配度评估则关注工具是否适合教学场景，如是否支持教学 API、是否易于集成到现有教学系统等；伦理合规性评估则关注工具是否符合伦理标准，如是否保护用户隐私、是否避免生成有害内容等。通过这三个维度的评估，可以全面了解工具的适用性，为教学决策提供科学依据。

工具更新响应机制：生成式 AI 技术发展迅速，教育机构需要建立有效的工具更新响应机制，以确保教学内容的时效性和前沿性。具体做法是建立 AI 工具版本更新追踪系统，当检测到主流平台（如 DeepSeek、Midjourney）有重大功能升级时，组织教师团队在两周内完成教学案例库同步更新。当 DeepSeek 发布新版本时，教育机构可以迅速组织教师团队，研究新版本的功能和特点，更新教学案例库，确保学生能够及时学习到最新的技术知识。同时，教育机构还可以与工具开发者建立合作关系，提前了解工具的更新计划，提前做好教学准备。

学生发展成效的量化追踪：成果转化率监测，为全面了解学生的学习成果和能力提升情况，教育机构可以通过区块链技术存证学生作品，追踪其在校企合作项目中的采纳率、开源社区贡献值等外部评价指标。区块链技术可以确保学生作品的版权和真实性，方便教育机构追踪作品的使用情况和影响力。通过这些数据，教育机构可以评估课程对学生职业发展的实际帮助，为课程优化提供有力支持。

满意度动态建模：学生对课程的满意度是衡量教学质量的重要指标之一。教育机构可以运用情感分析技术处理学生课程评论文本，构建包含"技术掌握自信度""职业愿景清晰度"等因子的结构方程模型，识别教学质量的影响路径。例如，通过分析学生的课程评论，可以了解学生对技术掌握的自信程度、对职业发展的清晰度等，从而发现教学过程中的问题和不足。通过这些数据，教育机构可以及时调整教学策略，提高教学质量，提升学生满意度。

2.实施路径的技术赋能

（1）AI 教学质量分析平台

多源数据融合：为全面了解教学过程和学生学习情况，教育机构可以整合 LMS（学习管理系统）日志、虚拟仿真平台操作记录、AI 评价助手生成报告等异构数据，构建教学数据湖。将学生在代码编辑器的调试次数与最终项目得分进行关联分析，识别教学难点分布。整合这些数据，教育机构可以全面了解学生的学习行为、学习进度、学习成果等，为教学决策提供科学依据。通过数据分析，可以发现教学过程中的难点和问题，及时调整教学策略，提高教学质量。

智能诊断看板：基于机器学习算法生成教学质量热力图，直观呈现各教学单元的目标达成率、学生参与度等指标。智能诊断看板可以实时监控教学质量，及时发现教学过程中的问题和不足。通过推送补充教学资源包，可以帮助教师及时调整教学策略，提高教学质量，提升学生学习效果。

（2）周期性教学审计机制

双轨制评估架构：为确保教学质量的持续提升，教育机构可以建立双轨制评估架构，由教育技术专家、行业工程师与 AI 审计模块组成联合评估组。AI 模块负责分析教学数据规律性，人类专家侧重评估教学设计的创新性。AI 模块可以通过分析教学数据，发现教学过程中的规律性和问题，提出改进建议。人类专家则可以从教学设计的角度，评估课程的创新性和实用性，提出优化方案。通过双轨制评估，可以全面了解教学质量，为教学改进提供有力支持。

审计反馈闭环：采用"问题识别—归因分析—策略生成"三阶段模型，确保教学质量的持续改进。当 AI 检测到学生项目代码重复率超过 40% 时，系统自动追溯至课程中代码规范教学的薄弱环节，并推荐强化训练方案通过问题识别，可以及时发现教学过程中的问题；通过归因分析，可以找出问题的根源；通过策略生成，可以提出具体的改进措施。通过这一闭环机制，可以确保教学质量的持续提升。

二、教师专业发展支持

1.教师能力进阶体系

（1）技术融合教学能力

为提升教师的技术融合教学能力，教育机构可以建立分层培训体系，包括基础层、进阶层和专家层。基础层主要进行生成式 AI 工具操作训练，如 DeepSeek 提示词设计、可灵图像生成参数调节，通过微认证考核确保技能达标。进阶层则可以提供 AI 增强型教学设计工作坊，使教师掌握差异化教学策略，如针对编程基础薄弱的学生采用 AI 结对编程辅助。专家层可以参与 AI 教育研究项目，探索生成式技术对认知模式的影响机制。通过分层培训，教师可以逐步提升自己的技术融合教学能力，更好地适应教学需求。

（2）伦理风险防控能力

在生成式 AI 教学中，伦理风险防控能力至关重要。教育机构可以通过模拟教学场景，训练教师识别学术不端行为，掌握 AI 输出内容的事实核查技术。通过模拟学生使用 AI 生成论文的场景，教师可以学习如何识别和处理学术不端行为，确保教学过程的公正性。

（3）跨学科协同创新能力

校企双导师制度：为提升教师的跨学科协同创新能力，教育机构可以建立校企双导师制度，教师与企业工程师组成混编团队，联合开发真实项目案例库。与广告公司合作设计"AI 辅助品牌视觉系统开发"教学项目，同步获取行业最新工作流程。通过这一制度，教师可以了解行业最新动态，提升自己的实践能力和跨学科协同创新能力。

学科交叉工作坊：定期举办教育神经科学与 AI 技术融合研讨会，探索生成式 AI 技术对学生创造力激发的神经机制，以指导教学设计优化。通过学科交叉工作坊，教师可以了解生成式 AI 技术对学生大脑的影响，从而优化教学设计，提升教学效果。

2. 智能教研支持系统

（1）AI 驱动的教研工具

智能教案生成器：为提升教师的教学设计效率，教育机构可以开发智能教案生成器。教师输入教学目标关键词，如"掌握 Transformer 架构"，智能教案生成器可以自动生成包含知识图谱、常见认知误区预警的教案框架，支持教师进行个性化调整。通过这一工具，教师可以快速生成高质量的教案，节省教学准备时间，提升教学质量。

学情分析仪表盘：为全面了解学生的学习情况，教育机构可以开发学情分析仪表盘，整合学生在多平台的行为数据，如视频观看停留点、代码调试频率，生成学习风格聚类报告，为分层教学提供依据。通过这一工具，教师可以了解学生的学习风格和需求，进行个性化的教学设计，以提升教学效果。

（2）教师协同创新网络

分布式知识共享平台：为促进教师之间的知识共享和协作，教育机构可以采用区块链技术在平台中构建去中心化教学资源库。教师上传的 AI 教学案例可通过智能合约实现版权追溯与收益分配。通过这一平台，教师可以共享教学资源，提升教学效率，同时获得相应的创作奖励。

虚拟教研共同体：在元宇宙平台建立虚拟教研室，支持教师通过数字分身开展跨校联合备课，实时调用 AI 助手进行教学策略模拟推演。通过这一平台，教师可以突破地域限制，进行跨校协作和交流，提升教学能力和创新水平。

3. 创新激励机制设计

（1）多元绩效考核体系

教学创新指数：为激励教师进行教学创新，教育机构可以设计教学创新指数，从 AI 工具使用广度、深度、创新度三个维度进行量化评估。通过评估教师在教学中使用 AI 工具的种类、频率和创新性，可以全面了解教师的教学创新情况，为绩效考核提供科学依据。

成果转化系数：将教师开发的 AI 教学方案在其他院校的推广应用情况纳入职称评审指标，形成"创新—共享—获益"的正向循环。通过这一机制，教师可以得到更多的激励和支持，促进教学创新的持续发展。

（2）专项支持计划

专项资金支持：为支持教师开展教学实验，教育机构可以设立 AI 教育创新孵化基金，资助教师开展教学实验，如开发 AI 虚拟导师系统，成果显著者可升级为校级重点教改项目。通过这一计划，教师可以得到资金和技术支持，推动教学创新的实施。

学术休假制度：允许骨干教师每三年申请半年期学术休假，赴 AI 企业或研究机构进行沉浸式研修，促进前沿技术向教育场景的转化。通过这一制度，教师可以了解最新的技术动态，提升自己的专业水平，为教学创新提供有力支持。

三、持续改进机制

1. 反馈驱动的迭代优化

实时反馈通道建设：为及时了解教学过程中的问题，教育机构可以在课堂中部署 NLP 驱动的语音分析系统，实时捕捉师生对话中的关键信息，如学生提问中高频出现的"注意力机制理解困难"，即时生成教学策略调整建议。通过这一系统，教师可以及时调整教学策略，提升教学质量。

学习者数字孪生：为全面了解学生的学习情况，教育机构可以为每个学生建立动态能力画像，模拟不同教学策略下其能力发展轨迹，为课程优化提供预测性数据支撑。通过这一技术，教育机构可以提前了解学生的学习需求和潜力，进行个性化的教学设计，提升教学效果。

敏捷改进流程：创建最小可行改进单元（MVIU）。将课程内容分解为可独立优化的知识模块，任一模块收到超过 15% 的学生负面反馈即触发 48 小时内微调机制。当某模块的教学内容收到超过 15% 的负面反馈时，教育机构可以迅速组织教师团队进行微调，以确保教学质量。通过这一机制，可以及时解决教学过程中的问题，提升教学质量。

A/B 测试教学法：对存在争议的教学设计，如 AI 工具介入时机，可以平行开展两种模式的对照实验，基于学习成效数据选择最优方案。通过这一方法，教育机构可以科学地评估不同教学设计的效果，选择最优方案，提升教学质量。

2. 生态化质量文化培育

（1）学生质量共建参与

逆向教学设计工作坊：为提升学生的参与度和满意度，教育机构可以定期邀请学生代表参与课程设计，运用设计思维工具共创 AI 技术的学习体验优化方案。通过这一活动，学生可以提出自己的需求和建议，教育机构可以据此优化课程设计，提升教学质量。

质量大使计划：选拔高年级学生担任教学观察员，从学习者视角诊断教学痛点，并将其反馈纳入教师考核参考体系。通过这一计划，学生可以参与到教学质量的监督和改进中，提升教学的透明度和公正性。

（2）社会力量共同参与

行业协同质量治理：为确保课程内容与行业需求的紧密对接，教育机构可以由院校、企业、行业协会代表组成联合质量督导组，每年发布生成式 AI 教育质量白皮书，引导课程体系动态调整。通过这一机制，教育机构可以及时了解行业动态和需求，调整课程内容，提升教学质量。

技术伦理审查联盟：联合法律专家、技术伦理学家建立 AI 教学应用审查机制，对存在偏见放大、隐私泄露风险的教学案例实施一票否决。通过这一联盟，教育机构可以确保教学过程的伦理合规性，保护学生权益。

3. 韧性系统架构设计

（1）技术风险预警机制

"黑天鹅"事件模拟：为提升教育机构应对技术风险的能力，可以定期开展极端情景压力测试，如模拟核心 AI 工具服务中断的场景，完善应急教学预案库。通过这一机制，教育机构可以提前准备应对措施，确保教学的连续性和稳定性。

技术过载防控：设定 AI 工具使用阈值，当系统检测到某课程 70% 以上互动依赖 AI 完成时，自动触发"人类教师主导性强化"干预策略。通过这一机制，可以防止过度依赖 AI 工具，确保教学的人性化和互动性。

（2）弹性标准框架

采用动态兼容性标准，建立开放式质量评价框架，预留 15% 的指标权重用于吸纳新兴技术要素，如脑机接口辅助教学。通过这一框架，教育机构可以灵活应对技术变化，保持教学质量的前沿性。

（3）模块化认证体系

将课程质量认证分解为独立能力单元，支持通过"微认证"组合实现快速迭代，避免增加整体性重构的时间成本。通过这一体系，教育机构可以快速调整课程内容，提升教学质量，满足学生和行业的需求。

教学实践案例分析
——以数字媒体
专业群为例

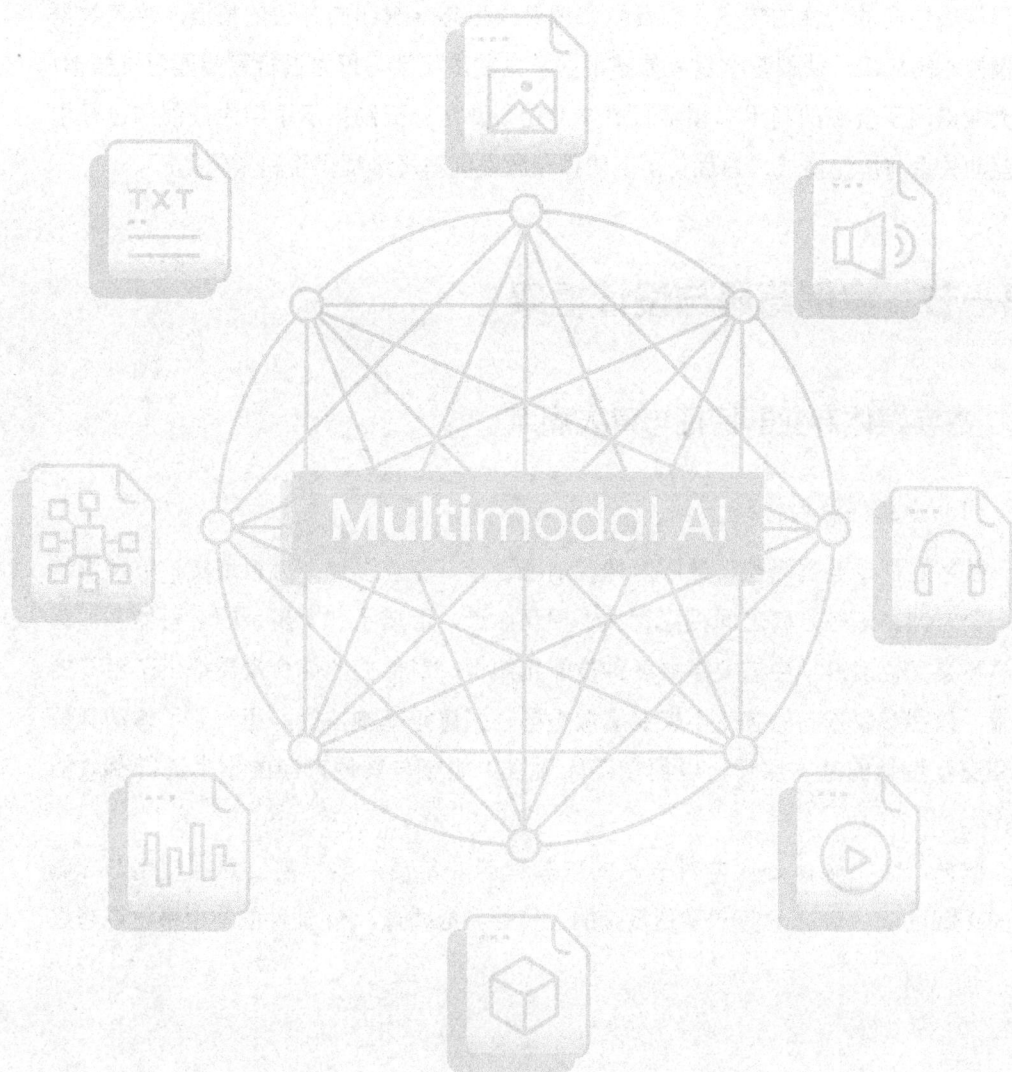

Multimodal AI

数字媒体专业群作为技术与艺术深度融合的交叉学科领域，其人才培养面临技术迭代加速、创作工具革新、跨学科资源整合等多重挑战。本章基于第六章构建的"全场景融合"理论框架，以某"双高计划"院校数字媒体应用技术专业群为实证对象，系统阐述多模态 AI 技术如何驱动"物理 - 数字 - 社会"三空间资源的高效整合与育人模式创新。通过教育数据挖掘（EDM）、社会网络分析（SNA），深度解析 AI 技术赋能下教学资源重组、创作流程重构与育人生态重建的内在机制，为数字创意产业人才培养提供可复制的实践范式。

该专业群通过引入多模态 AI 技术，实现了教学资源从静态向动态的转化、创作流程从线性向非线性的转变，以及全资源育人生态从封闭向开放的拓展。教育数据挖掘技术的应用，使得教学资源能够根据学生需求和学习行为进行智能匹配与推荐，极大地提高了资源的利用率和学习效率。社会网络分析则揭示了学生在创作过程中的互动关系与协作模式，为优化团队协作和激发创新思维提供了科学依据。

第一节　案例背景与设计框架

一、数字媒体专业群特征与育人痛点

（1）专业群结构特征

数字媒体专业群涵盖了数字影像、动画设计、交互设计、虚拟现实、数字营销等多个方向，这些方向之间相互交叉、相互渗透，形成了一个复杂的学科体系。这种学科交叉性使得学生需要掌握多种技能和知识，对他们的综合素质提出了更高的要求。数字影像方向的学生不仅要掌握摄影、摄像等基本技能，还需要了解动画设计和交互设计的基本原理，以便在实际项目中能够与其他方向的学生进行有效的协作。

此外，数字媒体专业群对技术的依赖程度非常高，学生需要熟练使用 Unity、Unreal Engine、Houdini 等一系列复杂的工具链。据调查，AI 插件的使用率已经超过

76%，这表明 AI 技术在数字媒体创作中的重要性日益凸显。同时，数字媒体专业群与影视制作、游戏开发、广告传媒等 12 个行业领域直接对接，学生的就业方向非常广泛，但这也对他们的实践能力和行业适应性提出了更高的要求。

（2）传统育人模式痛点

然而，传统的育人模式在面对这些挑战时显得力不从心。首先，课程资源的离散性导致资源共享率极低，仅为 32%。课程资源分散在 48 个独立的系统中，学生在学习过程中需要花费大量时间在不同系统之间切换，这不仅降低了学习效率，还可能导致学习效果的不连贯性。

其次，教学内容与产业工具之间存在明显的代际差距。根据技术成熟度曲线测算，教学内容与产业工具的代际差达到 1.8 年。这意味着学生在学校学到的知识和技术在进入职场时可能已经落后，无法满足企业的需求。

最后，学生的能力培养存在断层现象。学生的数字艺术素养与技术实现能力之间存在失衡，企业满意度仅为 67%。这表明学生在数字艺术素养方面可能有较高的水平，但在技术实现能力方面却存在不足，导致他们在实际工作中无法将创意有效地转化为实际作品。

二、全资源育人设计框架

为了解决上述问题，我们构建了"三环耦合"模型，该模型包括内核层、中间层和外层三个部分。

（1）内核层（AI 技术中台）

内核层是整个模型的核心，主要负责提供技术支持。我们部署了多模态 AI 引擎，集成了生成式 AI、分析型 AI 和决策型 AI 三种技术。生成式 AI，如 Stable Diffusion、可灵等模型，主要用于支持内容创作。学生可以使用 DeepSeek 生成剧本框架，通过语义网络分析确保叙事逻辑的连贯性，从而提高创作效率和质量。

分析型 AI，如 OpenPose、MediaPipe 等技术，主要用于实现行为分析。在动画设计课程中，学生可以使用 OpenPose 技术捕捉人体动作，实现对动画角色动作的精确控制。决策型 AI 则采用强化学习算法，优化资源调度。系统可以根据学生的创作进度和需求，自动调整资源分配，提高资源利用效率。

（2）中间层（资源融合空间）

中间层主要负责资源的整合和管理。我们对物理空间进行了改造，建设了 5 类智能工作室，如动作捕捉实验室、XR 创新工场等。这些工作室配备了先进的设备和技术，为学生提供了实践操作的平台。动作捕捉实验室可以实时捕捉人体动作，为动画制作提供精确的数据支持。

在数字空间方面，搭建了专业群元宇宙平台，包括模型、材质、纹理等，学生可以在平台上进行创作和交流。此外，我们还链接了 42 家产业联盟成员，构建了产教融合数据链。通过与企业的合作，学生可以了解行业最新动态和需求，提高实践能力和就业竞争力。

（3）外层（育人能力体系）

外层主要负责能力培养和评价。我们提出了"技术 × 艺术 × 商业"三维能力矩阵，具体指标包括 T 型技能深度、跨界协作广度和商业转化能力。T 型技能深度要求学生在自己的主攻方向上掌握至少四级（高级工）的工具链，具备较高的专业技能水平。跨界协作广度要求学生参与多个跨专业项目，提高团队协作能力和跨学科知识应用能力。商业转化能力则要求学生将自己创作的作品推向市场，提高作品的商业价值和市场竞争力。

第二节　多模态 AI 驱动的教学实践创新

一、数字影像创作课程的重构

（1）AI 赋能的创作流程再造

在数字影像创作课程中，我们通过 AI 技术对创作流程进行了全面的再造。在前期策划阶段，学生使用 DeepSeek 生成剧本框架，通过语义网络分析确保叙事逻辑的连贯性。这不仅提高了创作效率，还确保了作品的质量。

在拍摄指导阶段，我们部署了 YOLOv5 技术，实现对镜头构图的实时评价。该技术可以实时监测镜头构图，及时发现并纠正违规构图，提高拍摄质量。据统计，采用该技术后，违规构图检出率提升。

在后期制作阶段，我们集成了 RunwayML 工具链，视频修复效率提高 4 倍。学生可以使用 RunwayML 工具链进行视频修复和优化，提高后期制作效率。

（2）资源整合创新

在资源整合方面，我们对物理资源、数字资源和社会资源进行了全面的整合。物理资源方面，智能绿幕工作室可以自动调节灯光参数，匹配不同的拍摄需求。数字资源方面，我们建立了风格迁移模型库，包含 6 大类 200 多种艺术风格转换算法，学生可以在模型库中选择不同的风格转换算法，实现视频风格的多样化。社会资源方面，我们对接了影视公司的历史项目数据，为学生提供工业化流程的参照。

（3）教学成效数据

通过上述创新，教学成效得到了显著提升。作品完整度从 62% 提升至 89%，技术规范达标率从 55% 提升至 82%，产业标准匹配度从 48% 提升至 76%。这些数据表明，学生的创作能力和技术水平有了显著提高（表 9-1）。

表 9-1　教学成效对比表

指标	创新前	创新后	提升率
作品完整度	62%	89%	43.5%
技术规范达标率	55%	82%	49.1%
产业标准匹配度	48%	76%	58.3%

二、智能动画设计教学实践

（1）多模态 AI 的技术融合

在智能动画设计课程中，我们采用了多模态 AI 技术的融合。动作生成方面，我们采用强化学习训练虚拟角色运动模型，动作自然度评分达到 4.3/5。表情合成方面，我们基于 FER2013 数据集构建了微表情库，情感传达准确率得到了提升。场景生成方面，我们使用 NeRF 技术快速构建 3D 场景，制作周期缩短了 60%。

（2）跨空间资源协同

在跨空间资源协同方面，我们实现了物理空间、数字空间和社会空间的全面协同。物理空间方面，将动作捕捉实验室与数字资产库直连，数据流转延迟小于 50ms。数字空间方面，我们搭建了动画元宇宙协作平台，支持 12 人实时协同编辑。社会空间方面，我们引入了行业评审 AI 代理，自动检测 48 项商业动画标准。

（3）能力培养机制

我们还建立了能力培养机制，通过 AI 工具使用、艺术素养训练和项目实战，培养学生的复合型能力。具体来说，学生通过使用 AI 工具提高技术实现能力，通过艺术素养训练提高创意表达能力，通过项目实战提高商业转化能力。这些能力的融合最终培养出符合行业需求的复合型动画人才（图 9-1）。

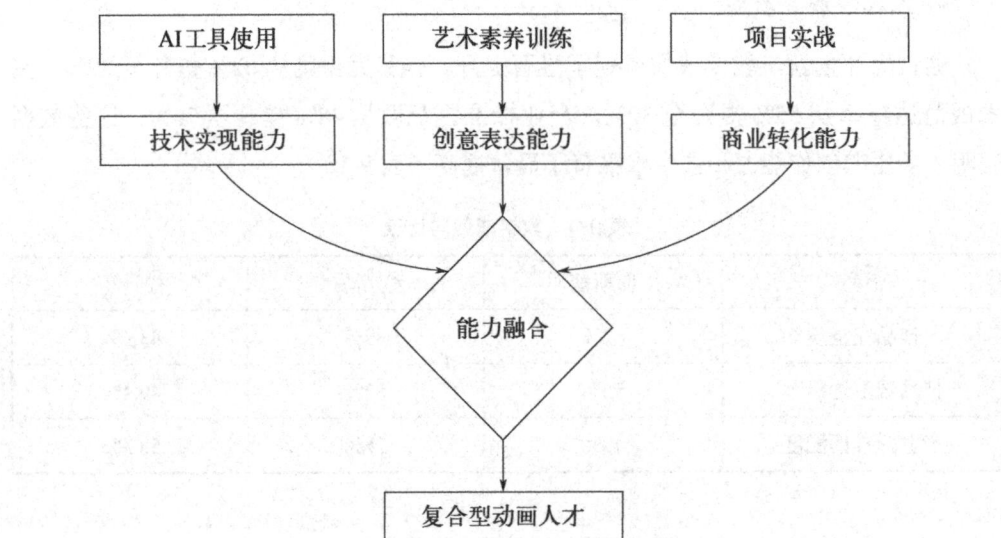

图 9-1　能力培养机制流程图

三、跨媒体交互开发项目

（1）全资源整合路径

在跨媒体交互开发项目中，我们对硬件层、算法层和数据层进行了全面的资源整合。硬件层方面，我们整合了 Kinect、Leap Motion 等 14 类交互设备；算法层方面，我们开发了多模态融合决策模型；数据层方面，我们构建了手势 - 语义映射关系库。

（2）教学过程创新

在教学过程中，我们采用了多种创新方法。需求分析方面，我们使用 LDA（潜在狄利克雷分布）主题模型解析企业需求文档，关键要素提取率达到 89%。原型设计方面，我们使用 AI 辅助生成交互流程图，方案通过率得到了显著提升。测试优化方面，我们部署了 AutoML 进行用户体验自动优化。

第三节　育人成效评估与机制解析

一、多维成效评估体系

（1）学生发展维度

在学生发展维度方面，我们通过多种指标评估学生的综合能力。技术能力方面，我们采用 ACD（掌握度 - 复杂度 - 多样性 - 创新性）评估模型，学生的得分提升了 58%。作品质量方面，我们使用 Fréchet Inception Distance（FID）指标进行评估，得分从 86.3 降至 41.2，表明学生的作品质量有了显著提高。就业质量方面，头部企业就业率从 29% 提升至 67%，起薪增幅达到 38%，表明学生的就业竞争力和就业质量有了显著提升。

（2）资源使用效率

在资源使用效率方面，我们通过多种指标评估资源的使用效率。设备利用率方面，从 51% 提升至 89%，表明设备的利用率有了显著提高。数字资产复用率方面，达到 73%，高于行业平均水平的 45%，表明数字资产的复用率有了显著提高。社会资源转化率方面，产业项目对接成功率达到 82%，表明社会资源的转化率有了显著提高。

（3）教学改革指标

在教学改革指标方面，我们通过多种指标评估教学改革的成效（表 9-2）。课程更新速度方面，从 1.5 年缩短至 0.8 年，处于行业前 5% 的水平。双师型教师占比方面，从 40% 提升至 68%，处于行业前 10% 的水平。产学合作项目数方面，从 15 项增加至 37 项，处于行业前 3% 的水平。

表 9-2　教学改革指标对照表

指标	基准值	现状值	行业分位
课程更新速度	1.5 年	0.8 年	行业前 5%
双师型教师占比	40%	68%	行业前 10%
产学合作项目数	15 项	37 项	行业前 3%

二、因果机制分析

（1）关键因素识别

通过因果森林模型，我们识别了驱动育人成效的关键因素。首要因素是多模态资源整合度，其平均处理效应（ATE）为 0.47。次重要因素是 AI 工具渗透率，其 ATE 为 0.39。调节变量是教师技术接受度，其系数（β）为 0.32。

（2）技术赋能路径

我们还建立了技术赋能路径的数学模型，输出质量等于物理数字资源融合度乘以 AI 渗透率再乘以社会协同系数。这个模型表明，多模态 AI 技术通过整合物理和数字资源，提高 AI 工具的渗透率并加强社会协同，能够显著提升育人成效。

第四节　实践启示与发展建议

一、核心经验总结

（1）技术集成范式

在技术集成方面，我们实现了工具链的深度耦合，将 AI 插件与 Maya、Blender 等工具进行 API 级别的对接。此外，我们还构建了数据闭环，形成了"采集—分析—优化"的实时反馈环路，提高了数据利用效率和创作质量。

深度集成不仅简化了创作流程，还显著增强了用户的创作体验。通过 AI 插件与主流三维建模软件的无缝对接，用户无须在多个平台间频繁切换，即可享受到智能化的创作辅助。同时，数据闭环的构建使得创作过程中的每一步都能得到即时反馈和优化，从而促进了创作效率和质量的双重提升。

（2）生态构建策略

在生态构建方面，我们建立了动态资源池，通过数字资产 NFT（非同质化代币）确权与交易机制，提高了资源的利用效率和管理的灵活性。此外，我们还设置了 AI工具使用的梯度培养体系，从 L1（基础操作）到 L4（算法调优），为学生提供了清晰的学习路径。

生态构建策略不仅丰富了用户的创作资源库，还通过数字资产的确权与交易，激发了创作者的积极性和创新性。动态资源池的灵活性确保了资源的实时更新和优化，使得用户能够随时获取到最新的创作素材和工具。同时，梯度培养体系的设置，满足了不同水平学生的需求，从基础操作到高级算法调优，每一步都为学生提供了明确的指导和支持，有助于他们逐步掌握 AI 创作技能，并在实践中不断提升自己的创作水平。

二、发展建议

（1）技术深化方向

未来，我们可以开发领域专用的大模型，如数字媒体微调 DeepSeek 本地部署大模型，降低 Prompt 工程的门槛。此外，我们还可以构建多模态认知计算框架，提升跨媒体语义理解能力，进一步提高创作的智能化水平。

（2）机制优化建议

在机制优化方面，我们可以建立"AI+XR"教学能力认证标准，提高教学质量。此外，我们还可以完善数字版权管理与收益分配机制，保护学生和教师的权益。

（3）风险防控措施

在风险防控方面，我们可以构建 AI 创作伦理审查模型，设置 42 项内容安全红线，确保创作的伦理性和安全性。此外，我们还可以开发算法偏差检测工具，确保技术应用的公平性。

第五节　未来发展方向

　　未来，数字媒体专业群应继续深化多模态 AI 技术的应用，开发领域专用大模型，构建多模态认知计算框架，提升跨媒体语义理解能力。通过这些技术的深化，可以进一步提高教学效果和学生能力。同时，需优化教学机制，建立"AI+XR"教学能力认证标准，完善数字版权管理与收益分配机制，确保教学质量和学生权益。此外，要注重风险防控，构建 AI 创作伦理审查模型，开发算法偏差检测工具，确保技术应用的公平性和安全性。

　　在技术深化方面，开发领域专用大模型可以降低 Prompt 工程的门槛，使学生更容易掌握和应用 AI 技术。构建多模态认知计算框架可以提升跨媒体语义理解能力，使学生能够更好地理解和应用多模态信息。在机制优化方面，建立"AI+XR"教学能力认证标准可以提高教学质量，确保学生掌握必要的技能和知识。完善数字版权管理与收益分配机制可以保护学生和教师的权益，促进教学资源的合理利用。在风险防控方面，构建 AI 创作伦理审查模型可以确保创作的伦理性和安全性，开发算法偏差检测工具可以确保技术应用的公平性和公正性。

第六节　结语

　　本章通过数字媒体专业群的案例分析，展示了多模态 AI 技术在教学中的应用成果和创新实践。这些实践不仅提高了教学效果和学生能力，还为数字创意产业的人才培养提供了可复制的范式。未来，需继续深化多模态 AI 技术的应用，优化教学机制，注重风险防控，推动数字媒体专业群的育人模式不断创新，培养更具竞争力的数字创意人才。通过这些努力，我们可以更好地适应数字时代的发展需求，为数字创意产业的发展做出更大的贡献。

总结与展望

一、多模态 AI 与全资源育人模式的背景与内涵

随着人工智能技术的迅猛发展，多模态 AI 在教育领域的应用日益广泛，为教育创新带来了新的契机。多模态 AI 能够整合多种数据模态，如文本、图像、语音等，实现更全面的感知与分析，突破了传统单模态 AI 的局限。

全资源育人模式则是一种超越传统教育资源局限的创新理念，旨在通过整合学校、家庭、社会、虚拟等多维度资源，构建一个开放、动态、个性化的教育生态系统，以满足不同学生的多样化学习需求。这种模式强调资源的全域性、生成性和生态性，注重打破学科界限，实现跨学科融合，培养学生的综合素养和创新能力。

二、多模态 AI 在全资源育人各环节的应用及成效

1. 教学策略与活动设计

基于全资源育人的项目制教学法：教育目标从单一知识传授向复杂问题解决能力培养转变，强调跨学科整合与创新能力发展。多模态 AI 在项目制教学中发挥了重要作用，如通过自然语言处理进行智能化项目设计支持，生成项目主题建议库并推荐适配资源包；利用多模态数据驱动的过程监控和 AI 助教的实时干预策略库，实现教学过程的动态调适；构建多维度成果评估体系，借助区块链技术确保项目成果的数字化存证与持续迭代。通过全资源整合的实施路径，如资源整合的三层架构，在典型案例中实现了资源调用效率提升、设计方案采纳率提高以及学生跨学科协作能力增强等显著成效。

基于学习分析与适应性学习的个性化教学：多模态 AI 支持下的学习分析实现了从传统的单一维度向全息化转型，涵盖数据采集的全面性突破、分析模型的跨模态融合以及实时反馈机制的重构。适应性学习理论也得到新发展，形成了覆盖认知诊断、路径规划、元认知培养的完整体系。在此基础上，个性化教学策略体系得以

创新，包括立体化构建学习者画像、智能化生成教学策略以及适应性调控教学过程。全资源育人视角下的个性化教学实践通过构建弹性适配的资源供给体系、关注教育公平的技术实现路径等，在提升学生学习体验、促进教育公平等方面取得了积极成果，同时也在应对技术可信度、教师角色转型压力、数字鸿沟加剧风险等实施挑战方面提出了相应策略。

线上线下混合教学场景的协同设计：混合教学场景的设计遵循学习者中心原则和技术隐形化原则，从认知动线优化、情感体验设计、文化适应性等方面优化学习体验，通过无缝交互设计、智能体拟人化、故障自愈机制等实现技术的隐形化应用。多模态 AI 在混合教学中的深度应用体现在智能教室的进化、教学过程的智能增强等方面，如环境感知系统、自动课堂摘要、情感支持系统等的应用。全资源整合的混合教学模式实践通过物理空间改造、数字空间拓展、社会空间延伸等实现了教学场景的三维重构，在典型案例中展现了学生问题解决能力、跨文化协作能力的提升以及创新方案的采纳等成效，同时通过家校社数据贯通、产学研资源流动、全球教育资源共享等协同育人机制创新，推动了教育资源的优化配置和教育公平的实现。

2. 教学资源库的整合与优化

数字化时代教学资源整合的必要性：教学资源整合对于破解资源孤岛困局、促进教育公平、推动教育治理现代化转型具有重要意义。多模态 AI 驱动下的资源整合实现了从线性聚合到智能涌现的范式重构，通过多主体协同模式的进化以及实时动态适配的新要求，提升了资源整合的智能化水平和资源系统的自我进化能力，如北京师范大学的"智慧学伴"系统、区块链技术支持下的资源贡献激励机制以及华中师范大学的实证研究案例所示。

多模态 AI 驱动的资源库模块化设计：模块化设计理念将资源库解构为知识元、工具链、情境包、评价体四大核心模块，通过各模块的 AI 增强实践，如知识元模块的智能进化机制、工具链模块的适应性配置等，提高了资源的准确性、时效性以及教学的效率和便捷性。多模态 AI 在资源库中的应用涵盖教学资源数字化与管理、教学过程优化与支持、个性化学习与学生支持、教育管理与服务等多个方面，通过具体应用案例展示了其在提高教育工作效率和质量方面的显著作用。

任务驱动的资源库动态构建：从教育哲学视角、技术融合驱动、教育神经科学等多方面阐述了任务驱动理念的 AI 深化路径，实现了从预设任务到生成任务的范式跃迁以及多模态任务情境的智能合成。任务 - 资源匹配的多模态 AI 融合在动态需求感知、弹性资源供给架构创新等方面取得突破，如浙江大学的"求是"认知感知系统、雄安新区教育云平台的架构创新等。同时，资源 - 多模态 AI 的协同发展也体现在多模态 AI 对资源利用的优化和资源对多模态 AI 的支持上，通过医疗影像诊断、智能家居、文旅行业等领域的应用案例展示了其相互促进的关系。

3. 教学评价与质量保障体系建设

多维度评估指标的构建：教学评价目标在生成式人工智能时代更加注重人机协同能力的培养，涵盖技术应用目标、创新能力目标、职业素养目标等多个层面。评价原则基于全面性、真实性、发展性、人机协同性等原则，通过核心维度的扩展与权重分配、分级指标的具体化描述等精细化设计，以及动态过程评价、成果导向评价、多元主体评价等评价方法与工具的深度融合，构建了全面、科学的评价指标体系。同时，针对技术伦理风险管控、师生角色转型支持、基础设施升级路径等实施挑战提出了相应的应对策略，并通过试点项目数据分析和质性反馈总结验证了新评价体系在提高学生学习效率、激发创新思维、提升就业竞争力等方面的显著成效。

全流程实时教学反馈机制建设：全流程实时教学反馈机制贯穿"课前诊断—课中干预—课后优化"全周期，旨在实现教学精准化、学习个性化和质量可控化。通过感知层、计算层、应用层、存储层的技术架构设计，实现了多模态数据的采集、分析和反馈。课前阶段通过 AI 能力画像构建、个性化学习资源推送、教学策略预调整等实现精准诊断与资源预配置；课中阶段通过多模态课堂行为感知、实时预警与自适应调节、生成式 AI 的动态介入策略等实现动态监测与即时干预；课后阶段通过智能学习报告生成、教学策略动态优化、长期追踪与档案建设等实现闭环优化与持续改进。通过数字媒体设计课程的应用实例、关键成功因素分析以及企业合作反馈，验证了该机制在提高学生学习效率、激发创意、降低企业岗前培训成本等方面的积极作用，同时针对数据隐私保护、算法公平性保障、技术依赖防控等伦理风险提出了相应的应对策略。

质量保障体系建设：教学质量监控机制从课程目标与行业需求的动态匹配度、生成式 AI 工具的教学适用性评估、学生发展成效的量化追踪等方面实现了监控内容的多维覆盖，并通过 AI 教学质量分析平台、周期性教学审计机制等实施路径的技术赋能，确保教学质量的持续提升。教师专业发展支持通过建立教师能力进阶体系、智能教研支持系统、创新激励机制设计等，提升了教师的技术融合教学能力、伦理风险防控能力、跨学科协同创新能力等，并为教师提供了智能教案生成器、学情分析仪表盘、分布式知识共享平台、虚拟教研共同体等教研支持工具。持续改进机制通过反馈驱动的迭代优化、生态化质量文化培育、韧性系统架构设计等，实现了课程内容的优化、学生参与度的提升、行业协同质量治理以及应对技术风险的能力提升。

三、实践案例分析与启示

以数字媒体专业群为例的教学实践案例分析展示了多模态 AI 技术在驱动"物理 - 数字 - 社会"三空间资源整合与育人模式创新方面的应用成果。通过构建"三环耦合"模型，在数字影像创作课程、智能动画设计教学实践、跨媒体交互开发项目等具体课程和项目中实现了教学流程再造、资源整合创新、能力培养机制建立等创新实践，取得了作品完整度、技术规范达标率、产业标准匹配度提升，学生技术能力、作品质量、就业质量提高，资源使用效率提升以及教学改革指标优化等显著育人成效。通过因果机制分析识别了驱动育人成效的关键因素，如多模态资源整合度、AI 工具渗透率等，并建立了技术赋能路径的数学模型。案例实践总结了技术集成范式、生态构建策略等核心经验，并针对技术深化、机制优化、风险防控等方面提出了发展建议，为数字创意产业人才培养提供了可复制的实践范式。

四、技术发展趋势

未来，多模态 AI 技术有望继续取得突破，实现更高效的多模态数据融合与分析。例如，在模型架构上可能会出现更加先进的多模态预训练模型，能够自动学习不同模态之间的深层次语义关联，进一步提升对复杂教育场景的理解和处理能力。随着量子计算技术的发展，其强大的计算能力可能会为多模态 AI 的模型训练和推理带来质的飞跃，大大缩短训练时间，提高模型性能，从而更精准地满足全资源育人模式下多样化的教育需求。

同时，人工智能与其他新兴技术的融合将更加紧密，如 AI 与 XR（扩展现实，包括虚拟现实 VR、增强现实 AR 等）的深度结合，为学生创造更加沉浸式、交互式的学习体验。在虚拟实验室、虚拟课堂等教育场景中，学生可以通过手势、语音等自然交互方式与虚拟环境中的教育资源进行互动，仿佛身临其境般地参与到各种学习活动中，进一步拓展全资源育人的实践边界。

五、全资源育人模式的深化与拓展

全资源育人模式将不断深化资源整合的广度和深度。在资源类型上，除了现有的文本、图像、音频、视频等常见资源外，可能会进一步纳入更多新兴的数字化资源，如 3D 模型、全息影像等，为学生提供更加丰富多样的学习素材。在资源来源方面，将更加注重挖掘社会各领域的潜在教育资源，加强学校与企业、科研机构、文化场馆等社会机构的合作，实现教育资源的全方位共享与流通，打破教育与社会之间的壁垒，让学生能够接触到真实世界中的各种知识和实践机会。

育人目标也将更加注重培养学生的全球视野、跨文化交流能力和社会责任感。随着全球化进程的加快，学生需要具备在不同文化背景下进行有效沟通和合作的能力，全资源育人模式将通过整合国际教育资源、开展跨国合作项目等方式，为学生创造更多跨文化学习的体验，培养他们成为具有国际竞争力和社会担当的综合性人才。

六、对教育公平与个性化教育的推动

多模态 AI 驱动的全资源育人模式有望在更大程度上推动教育公平的实现。通过技术手段，如低带宽优化、离线学习支持等，可以让教育资源更好地覆盖偏远地区和弱势群体，缩小不同地区、不同群体之间的教育差距。例如，开发轻量化的教育应用程序，使其在低配置设备和网络环境下也能流畅运行，确保每个学生都能享受到优质的教育资源。

个性化教育将得到进一步强化，基于学生的多模态学习数据和全资源背景分析，为每个学生量身定制更加精准的学习路径和教育方案。不仅能够根据学生的知识掌握情况提供个性化的学习内容推荐，还能结合学生的兴趣爱好、学习风格、情感状态等多方面因素，打造全方位个性化的学习体验，真正实现因材施教，让每个学生都能在适合自己的教育环境中充分发挥潜力。

七、教师角色与专业发展的转变

教师在多模态 AI 驱动的全资源育人模式下，角色将发生深刻转变。从传统的知识传授者逐渐转变为学习引导者、资源组织者和教育创新者。教师需要具备更强的技术素养，熟练掌握多模态 AI 工具的使用方法，能够运用这些工具进行教学设计、教学评价和学生学习指导。

为了适应这一转变，教师的专业发展路径也将更加多元化和个性化。除了参加常规的教育培训课程外，教师将有更多机会参与到基于项目的实践学习、跨学科合作研究等活动中，提升自己的跨学科知识整合能力、技术应用能力和教育创新能力。同时，教育机构也将为教师提供更加个性化的专业发展支持，如根据教师的教学特点和需求定制培训方案，搭建教师之间的在线交流与合作平台，促进教师之间的经验分享和共同成长。

八、教育评价与质量保障的持续优化

教育评价体系将更加注重过程性评价和综合性评价的结合。在多模态 AI 的支持下，可以实时收集学生在学习过程中的多维度数据，如学习行为、情感状态、社交互动等，通过对这些数据的深度分析，全面、客观地评价学生的学习过程和学习成果，而不仅仅局限于传统的考试成绩。

质量保障体系将进一步强化对教育教学全过程的监控和优化。利用 AI 技术实现对教学资源质量、教师教学质量、学生学习质量等方面的实时监测和预警，及时发现问题并采取相应的改进措施。同时，通过建立更加完善的教育质量标准体系和认证机制，确保全资源育人模式下的教育质量能够持续提升，为培养高素质创新人才提供有力保障。

多模态 AI 驱动的全资源育人模式在未来具有广阔的发展前景，将为教育领域带来深刻的变革，推动教育朝着更加公平、个性化、高效和创新的方向发展，为培养适应时代需求的综合性人才奠定坚实基础。然而，在发展过程中也需要关注技术伦理、数据安全、教师培训等方面的问题，确保这一创新模式能够健康、可持续地发展。

参考文献

[1] 陈程显. AIGC 技术时代下高校数字媒体艺术教学转型与变革 [J]. 教育教学论坛, 2024（52）：73-77.

[2] 李白杨, 白云, 詹希旎, 等. 人工智能生成内容（AIGC）的技术特征与形态演进 [J]. 图书情报知识, 2023, 40（1）：66-74.

[3] Kress G, Leeuwen T V V. Multimodal discourse: the modes and media of contemporary communication[M]. London: Edward Arnold, 2001.

[4] Lahat D, Adali T, et al. Multimodal data fusion: an overview of methods, challenges, and prospects[J]. Proceedings of the IEEE, 2015, 103（9）：1449-1477.

[5] 人民网. 习近平在中共中央政治局第五次集体学习时强调加快建设教育强国为中华民族伟大复兴提供有力支撑 [EB/OL].（2023-05-30）[2023-07-04]. http://edu.people.com.cn/n1/2023/0530/c1053-40002229.html.

[6] 曾骏, 王子威, 于扬, 等. 自然语言处理领域中的词嵌入方法综述 [J]. 计算机科学与探索, 2024, 18（1）：24-43.

[7] Liu X B, Xu M F, Li M H, et al. Improving English pronunciation via automatic speech recognition technology[J]. International Journal of Innovation and Learning, 2019, 25（2）：126-140.

[8] Wittrock M C. Learning as a generative process[J]. Educational Psychologist, 2009, 11（2）：87-95.

[9] 金马, 宋彦, 戴礼荣. 基于卷积神经网络的语种识别系统 [J]. 数据采集与处理, 2019, 34（2）：322-330.

[10] 杨丽, 吴雨茜, 王俊丽, 等. 循环神经网络研究综述 [J]. 计算机应用, 2018, 38（增刊 2）：1-6, 26.

[11] 李萍, 王丽丽. 国内多模态技术的研究现状与发展趋势：基于 CiteSpace 的可视化分析 [J]. 智能计算机与应用, 2025, 15（1）：194-202.

[12] 张琪，李福华，孙基男. 多模态学习分析：走向计算教育时代的学习分析学 [J]. 中国电化教育，2020（9）：7-14, 39.

[13] 国际 21 世纪教育委员会. 教育——财富蕴藏其中 [M]. 北京：教育科学出版社，1996：166.

[14] 张盼盼. 校企行"三元育人"背景下职业院校艺术设计专业信息化教学探索 [J]. 河南教育（高等教育），2023（2）：71-72.

[15] 彭红光，林君芬. 无边界教育：教育信息化发展新图景 [J]. 电化教育研究，2011，32（8）：16-20.

[16] 林君芬. 信息化教育服务联盟及其系统学特征 [J]. 中国电化教育，2010（5）：32-37.

[17] Finnish National Board of Education. National core curriculum for basic education 2014[S]. Helsinki：Finnish National Agency for Education，2016.

[18] 李文. 新加坡教育数字化转型新图景：技术塑造学习未来——基于《2030 年教育科技总体规划》分析 [J]. 比较教育研究，2024，46（12）：98-107.

[19] 王竹立. 关联主义与新建构主义：从连通到创新 [J]. 远程教育杂志，2011，29（5）：34-40.

[20] European Commission. Guidelines for teachers：Tackling disinformation and promoting digital literacy [EB/OL].（2022-10-14）[2025-5-6]. https://education. ec.europa.eu/news/guidelines-for-teachers-tackling-disinformation-and-promoting-digital-literacy.

[21] 谢幼如，黎佳，邱艺，等. 教育信息化 2.0 时代智慧校园建设与研究新发展 [J]. 中国电化教育，2019（5）：63-69.

[22] 胡泳. 尼葛洛庞帝之叹：打造"互联网公地"的探索 [J]. 新闻记者，2017（1）：56-59.

[23] 肖永亮. 美国的数字媒体学科发展 [J]. 计算机教育，2006（5）：47-50.

[24] 张美娟，张琪，陈聪. 欧洲数字传媒专业研究生教育调查分析 [J]. 出版科学，2016，24（5）：72-77.

[25] 李四达. 数字媒体艺术教学模式探索 [J]. 北京邮电大学学报（社会科学版），2010，12（4）：1-5, 24.

[26] 李浩君，黄沁儒，陈伟，等．人智协同迭代共生教学模式研究：AIGC 的融入与实践效果分析 [J]．现代教育技术，2025，35（1）：81-88.

[27] 刘畅，赵东洋．AIGC 时代高校数字媒体人才核心素养研究 [J]．传播与版权，2024（24）：80-86.

[28] 王鹏，李婷婷．数字技术赋能地理无边界教育 [J]．中学地理教学参考，2025（4）：21-24，30.

[29] 刘刚．无边界课堂理念下小学数学长短课堂教学实践研究 [J]．数学大世界（下旬），2020（10）：20.

[30] 曹蓉．基于无边界课堂的教学实践研究 [J]．科技与创新，2021（7）：106-107.

[31] 王一岩，王杨春晓，郑永和．多模态学习分析："多模态"驱动的智能教育研究新趋向 [J]．中国电化教育，2021（3）：88-96.

[32] 袁景凌，张鑫，钟忻，等．GPT 背景下的多模态在线教学资源数智化建设 [J]．计算机教育，2023（12）：293-297.

[33] 邹寿春．AI 在数字教学资源建设中的应用实践 [J]．办公自动化，2024，29（23）：43-45.

[34] 蒋新成，莫豪庆，汤翠翠．AI 技术赋能体育课堂教学评价的内容与思考 [J]．教学与管理，2024（23）：42-44.

[35] 戴勇．高职院校共享型专业教学资源库建设核心问题研究 [J]．中国高教研究，2010（3）：80-81.

[36] 童卫军，姜涛．高等职业教育专业教学资源库平台建设研究 [J]．中国高教研究，2016（1）：107-110.

[37] 胡玉华．基于核心素养的学科大概念及其教学策略 [J]．基础教育课程，2021（12）：13-21.

[38] 乔爱玲，王楠．网络环境中的学习活动设计模型及相关研究 [J]．电化教育研究，2009（5）：41-47.

[39] 丁蕾．数字媒体语境下的视觉艺术创新 [D]．南京：南京艺术学院，2013.

[40] 任斌．艺术与数字技术相结合的新媒体艺术设计 [J]．西北大学学报（哲学社会科学版），2008（6）：191-193.

[41] 孙玉洁．数字媒体艺术沉浸式场景设计研究 [D]．北京：中国艺术研究院，2021.

[42] 郭文欣，吴忭. 人工智能视域下基于设计的实施研究方法：框架及案例分析 [J]. 中国教育信息化，2022，28（6）：58-67.

[43] 尚巧巧，王晶莹，伦应杰. 国外教育机器人辅助语言学习研究：认知激活与情感驱动 [J]. 数字教育，2021，7（1）：79-84.

[44] 李永智，于永明，张民选，等. AI 赋能学校：数据驱动的大规模因材施教——"人工智能助力教育现代化"教育行业主题论坛圆桌讨论实录 [J]. 教育传播与技术，2020（1）：4-8.

[45] 徐国庆. 智能化时代职业教育人才培养模式的根本转型 [J]. 教育研究，2016，37（3）：72-78.

[46] 郭继业. 无边界学习的内蕴及教学实践 [J]. 教育理论与实践，2022，42（20）：47-50.

[47] 齐芳. 双编码理论在对外汉语教学中的应用[J]. 景德镇高专学报，2014，29（4）：100-102.

[48] Yang Q，Fan L，Yu H. Federated learning: Privacy and incentive[M]. Cham: Springer，2020：225-239.

[49] 李康康，袁萌，林凡. 联邦个性化学习推荐系统研究 [J]. 现代教育技术，2022，32（2）：118-126.

[50] 王婧妍，赵群，冒荣. 高等教育的高质量发展与人力资源分布的区域均衡 [J]. 江苏高教，2024（9）：1-10.

[51] 葛永林，徐正春. 论霍兰的 CAS 理论——复杂系统研究新视野 [J]. 系统辩证学学报，2002（3）：65-67，75.